操作系统安全

王爽 赵乐 主编
刘萍 郑天红 陆斌 副主编

清华大学出版社
北京

内容简介

本书主要讲解了 Windows 和 Linux 两大主流操作系统的安全配置与管理。其中，Windows 操作系统部分阐述了账户安全、文件系统安全、系统安全、系统加固及服务器安全等内容；Linux 操作系统部分重点介绍了账户安全、文件及目录权限、进程与端口管理、服务安全配置、防火墙安全配置，以及日志管理和基线安全配置等内容。每一章都通过大量的案例实践使读者能够更好地理解和应用所学知识。

本书可作为高等职业院校计算机网络技术等相关专业的教材，也适合广大网络安全爱好者、IT 从业人员、系统管理员阅读使用。

本书封面贴有清华大学出版社防伪标签，无标签者不得销售。

版权所有，侵权必究。举报：010-62782989，beiqinquan@tup.tsinghua.edu.cn。

图书在版编目(CIP)数据

操作系统安全 / 王爽, 赵乐主编. -- 北京：清华大学出版社, 2024.12. -- ISBN 978-7-302-67714-7

Ⅰ. TP316

中国国家版本馆CIP数据核字第2024FC6011号

责任编辑：郭丽娜
封面设计：曹　来
责任校对：袁　芳
责任印制：曹婉颖

出版发行：清华大学出版社
网　　址：https://www.tup.com.cn, https://www.wqxuetang.com
地　　址：北京清华大学学研大厦A座　　邮　编：100084
社 总 机：010-83470000　　邮　购：010-62786544
投稿与读者服务：010-62776969, c-service@tup.tsinghua.edu.cn
质量反馈：010-62772015, zhiliang@tup.tsinghua.edu.cn
课件下载：https://www.tup.com.cn, 010-83470410
印 装 者：三河市君旺印务有限公司
经　　销：全国新华书店
开　　本：185mm×260mm　　印　张：15.75　　字　数：378千字
版　　次：2024年12月第1版　　印　次：2024年12月第1次印刷
定　　价：59.00元

产品编号：105926-01

前　言

在信息技术迅猛发展的今天，网络安全已经成为国家安全、社会稳定和经济发展的重要基石。而操作系统作为计算机网络系统的核心和基础，其安全性直接决定了整个网络环境的安全程度。面对日益复杂和多变的安全威胁，如何安全有效地配置和管理操作系统，成为每一个网络管理员和相关从业人员必须面对和解决的问题。本书旨在为读者提供一份全面而深入的操作系统安全配置与管理指南，帮助读者系统地了解和掌握操作系统安全的核心知识和技能。

本书严格依据网络运维工程师、网络安全运维工程师的职业资格标准，深度结合全国职业技能大赛"网络系统管理"赛项、"信息安全管理与评估"赛项的竞赛大纲，参照奇虎360公司"网络安全评估职业技能等级证书"等证书中操作系统安全的相关内容，经过精心归纳与整合，将理论与实践、岗位与课程、竞赛与证书融为一体。这种融合不仅增强了教材的适应性，而且提升了其针对性和实用性，为全面提升育人效能奠定了坚实的基础。

本书共11章，内容涵盖Windows和Linux两大主流操作系统的安全配置与管理。第1章至第5章重点讲解Windows操作系统安全，从账户安全、文件系统安全、系统安全、系统加固到服务器安全，逐步深入，帮助读者理解Windows操作系统安全的各个层面。第6章至第11章则聚焦Linux操作系统安全，包含账户安全、文件及目录权限、进程与端口管理、服务安全配置、防火墙安全配置，以及日志管理和基线安全配置。该部分内容通过大量实际案例讲解Linux安全配置的具体方法，使读者能够更好地理解和应用所学知识。

本书的特点在于其内容的全面性和实用性。编者力求将操作系统安全的各个方面都纳入书中，从基础到进阶，从理论到实践，为读者提供一站式学习资源。同时，本书注重实用性和可操作性，每章都有明确的学习目标和讲解过程，通过丰富的实例，让读者能够迅速掌握操作系统安全配置与管理的核心技能。此外，本书还特别强调安全意识的培养和安全文化的学习，希望读者在掌握技术的同时，也能够树立正确的安全观念。

本书由内蒙古电子信息职业技术学院的王爽、赵乐担任主编，刘萍、郑天红、陆斌担任副主编。各章节分工如下：郑天红负责第 1 章至第 3 章的编写，刘萍负责第 4 章和第 5 章的编写，赵乐负责第 6 章至第 8 章的编写，王爽负责第 9 章至第 11 章的编写，科大讯飞教育发展有限公司陆斌老师提供了技术支持。

在编写本书时，编者参考了线上和线下的相关资料，在此，对提供这些资料的组织和个人表示由衷的感谢。在本书的编写过程中，编者始终秉持科学严谨的工作态度，力求做到精益求精。然而，疏漏之处在所难免，恳请广大读者批评、指正。

编　者
2024 年 5 月

本书配套教学资源

目 录

第 1 章　Windows 账户安全 ··· 1

1.1　Windows 账户与安全加固 ··· 1
　　1.1.1　本地账户与组管理简介 ··· 1
　　1.1.2　图形界面创建本地账户 ··· 3
　　1.1.3　图形界面管理组 ·· 4
　　1.1.4　图形界面管理组账户 ·· 5
　　1.1.5　使用 DOS 命令管理账户组 ·· 6
　　1.1.6　隐藏账户 ··· 7

1.2　Windows 活动目录 AD 域 ·· 11
　　1.2.1　Windows 活动目录简介 ··· 11
　　1.2.2　AD 域搭建 ··· 13

1.3　Windows 账户安全实验 ··· 18
　　课后习题 ·· 22

第 2 章　Windows 文件系统安全 ··· 23

2.1　Windows 文件系统 ··· 24
　　2.1.1　Windows 文件系统简介 ··· 24
　　2.1.2　NTFS 分区格式化与转换 ··· 24

2.2　Windows 文件系统管理 ··· 27
　　2.2.1　设置文件与文件夹权限 ··· 27
　　2.2.2　特殊权限设置 ··· 28
　　2.2.3　用户有效权限 ··· 30
　　2.2.4　文件系统数据安全管理 ··· 30

2.3 磁盘系统管理 ··· 31

2.3.1 磁盘系统管理简介 ··· 31
2.3.2 MBR 磁盘与 GPT 磁盘设置 ·································· 32
2.3.3 基本磁盘管理 ·· 34
2.3.4 磁盘配额配置 ·· 37

2.4 Windows 文件系统安全实验 ······································ 39

课后习题 ··· 44

第 3 章 Windows 系统安全 ·· 45

3.1 Windows 日志 ··· 45

3.1.1 Windows 日志简介 ·· 45
3.1.2 Windows 日志管理 ·· 48

3.2 注册表安全 ·· 50

3.2.1 注册表简介 ·· 50
3.2.2 注册表管理 ·· 53

3.3 Windows 防火墙 ··· 55

3.3.1 Windows 防火墙简介 ·· 55
3.3.2 Windows 防火墙设置 ·· 56

3.4 Windows 系统安全实验 ··· 59

课后习题 ··· 66

第 4 章 Windows 系统加固 ·· 68

4.1 Windows 系统安全基线 ··· 68

4.1.1 Windows 系统安全基线概念 ·································· 68
4.1.2 Windows Server 2016 基线加固 ······························ 69

4.2 Windows 系统加固设置 ··· 69

4.2.1 账户管理 ·· 69
4.2.2 密码策略 ·· 72
4.2.3 共享管理 ·· 73
4.2.4 权限管理与远程管理 ·· 73

4.3 审核与日志 ·· 77

4.3.1 审核策略检查 ·· 77
4.3.2 日志检查 ·· 78

4.4 文件权限检查 ·· 81

4.5 其他安全选项 ·· 84

4.6 Windows 系统加固实验 ·· 86

课后习题 ·· 90

第 5 章 Windows 服务器安全 ·· 91

5.1 DHCP 服务器的搭建 ··· 92

    5.1.1 DHCP 服务器的概述 ·· 92

    5.1.2 DHCP 服务器的安装 ·· 93

    5.1.3 DHCP 服务器的配置 ·· 97

    5.1.4 配置 DHCP 保留 ···101

5.2 DNS 服务器的搭建 ···103

    5.2.1 DNS 服务器概述 ···103

    5.2.2 DNS 服务器的安装 ···104

    5.2.3 DNS 服务器的配置 ···104

5.3 FTP 服务器的搭建 ··112

    5.3.1 FTP 服务器概述 ··112

    5.3.2 FTP 服务器的配置 ··113

    5.3.3 FTP 服务器的安全配置 ··120

5.4 Windows 服务器安全配置实验 ··125

课后习题 ··129

第 6 章 Linux 账户安全 ···131

6.1 Linux 账户信息的关键文件 ··131

    6.1.1 Linux 账户与组基本概念 ···131

    6.1.2 password 用户账户文件 ··132

    6.1.3 shadow 用户影子密码文件 ···133

    6.1.4 组账户文件 group 和 gshadow ···134

    6.1.5 优化 Linux 账户安全实验 ··135

6.2 Linux 账户密码的安全配置 ··136

    6.2.1 增加账户 ··136

    6.2.2 修改账户信息 ··137

    6.2.3 修改账户密码 ··138

    6.2.4 修改账户密码状态 ··138

    6.2.5 密码安全 ··139

    6.2.6 Linux 系统账户安全管理实验 ···142

课后习题 ··143

第 7 章　Linux 文件及目录权限 ····· 145

7.1　Linux 文件及目录的隐藏属性 ····· 146
7.1.1　Linux 文件系统介绍 ····· 146
7.1.2　Linux 权限介绍 ····· 147
7.1.3　Linux 权限设置 ····· 147
7.1.4　文件及目录隐藏属性 ····· 150

7.2　Linux 文件及目录的特殊权限配置 ····· 151
7.2.1　文件目录特殊权限 SUID ····· 151
7.2.2　文件目录特殊权限 SGID ····· 152
7.2.3　文件目录特殊权限 Sticky ····· 153
7.2.4　设置 Linux 文件及目录权限实验 ····· 154

7.3　Linux 访问控制列表配置 ····· 156
7.3.1　getfacl 命令 ····· 157
7.3.2　setfacl 命令 ····· 158
7.3.3　增强权限管理系统实验 ····· 159

课后习题 ····· 160

第 8 章　Linux 进程与端口管理 ····· 162

8.1　Linux 进程监控与管理 ····· 162
8.1.1　Linux 进程基本原理 ····· 162
8.1.2　ps 命令 ····· 163
8.1.3　top 命令 ····· 164
8.1.4　pstree 命令 ····· 165
8.1.5　lsof 命令 ····· 166
8.1.6　kill 命令 ····· 167
8.1.7　Linux 进程与端口管理实验 ····· 168

8.2　Linux 调度进程 ····· 170
8.2.1　crond 定时任务 ····· 170
8.2.2　Linux 后台管理 ····· 172
8.2.3　crond 定时任务的使用方法实验 ····· 173

8.3　Linux 端口管理 ····· 175
8.3.1　Linux 端口管理概念 ····· 175
8.3.2　netstat 命令 ····· 176
8.3.3　lsof 命令 ····· 177
8.3.4　Linux 进程状态实验 ····· 178

课后习题 ····· 180

第 9 章　Linux 服务安全配置···181

9.1　SSH 安全配置···182
9.1.1　SSH 服务安装···182
9.1.2　SSH 服务安全配置···184
9.1.3　提升 Linux 服务安全配置实验···186

9.2　FTP 服务安全配置···189
9.2.1　FTP 服务概述···189
9.2.2　FTP 安全配置实验···192

9.3　Apache 服务器安全配置···193
9.3.1　Apache 服务器概述···193
9.3.2　Apache 服务器部署···194
9.3.3　Apache 服务器安全配置实验···196

课后习题···198

第 10 章　Linux 防火墙安全配置···199

10.1　防火墙简介···199
10.1.1　防火墙概述···199
10.1.2　Linux 防火墙技术···203
10.1.3　优化 Linux 防火墙安全配置实验···203

10.2　iptables 基本结构和工作原理···205
10.2.1　iptables 简介···205
10.2.2　iptables 常用命令···209
10.2.3　iptables 规则管理实验···210

10.3　firewalld 防火墙···212
10.3.1　firewalld 防火墙概述···212
10.3.2　firewalld 防火墙配置方式···213
10.3.3　firewalld 管理···216
10.3.4　firewalld 防火墙配置实验···218

课后习题···220

第 11 章　Linux 日志管理和 Linux 基线安全配置···221

11.1　Linux 日志···221
11.1.1　Linux 日志的基本概念···221
11.1.2　rsyslog 配置···224

11.2 日志轮转 ·· 225
  11.2.1 Linux 日志轮转工作原理 ·· 225
  11.2.2 配置日志轮转 ·· 226
  11.2.3 日志管理与配置实验 ·· 227
11.3 Linux 基线安全配置 ·· 230
  11.3.1 Linux 基线安全配置概念 ·· 230
  11.3.2 Linux 安全基线配置 ·· 231
  11.3.3 提高 Linux 安全基线配置实验 ·· 235
课后习题 ·· 237

参考文献 ·· 239

第 1 章

Windows 账户安全

 本章导读

Windows 系统管理员需严格划分用户权限，以确保访问资源的安全性。为此，管理员应熟悉用户账户文件和组账户文件。同时，为确保用户账户和密码的安全，管理员应该能够进行账户加固操作，建立隐藏账户，以确保账户的安全可靠，避免数据泄露。在 Windows 系统平台下，系统管理员可以通过活动目录组件（Active Directory，AD）来实现目录服务，通过 AD 将网络中的各种资源组合起来，进行集中管理，方便进行网络资源的检索，轻松地管理复杂的网络环境。

 学习目标

知识目标	<ul><li>了解 Windows 用户与组的基本概念，能够说出用户和组的对应关系；</li><li>掌握账户、组和组账户的创建和删除操作方法；</li><li>掌握隐藏账户的作用以及管理操作方法；</li><li>熟悉 AD 的架构和作用，能够陈述 AD 域服务的功能以及 AD 的结构。</li></ul>
技能目标	<ul><li>掌握账户、组和组账户的创建和删除操作方法；</li><li>掌握隐藏账户的作用以及管理操作。</li></ul>

1.1 Windows 账户与安全加固

Windows 账户与安全加固

1.1.1 本地账户与组管理简介

用户是计算机的主体，当用户向计算机发出指令时，计算机才会开始执行相应的操作。用户账户代表用户在操作系统中的身份。用户在启动计算机并登录操作系统时，必须使用有效的用户账户才能进入操作系统。登录操作系统后，系统会根据用户账户类型为用户分配相应的操作权限，从而限制不同类型的用户能够执行相应的操作。

Windows Server 2016 支持两种用户账户：本地用户账户和域用户账户。

（1）本地用户账户是指安装了 Windows Server 2016 的计算机在本地安全账户数据库（SAM）中建立的账户。使用本地账户只能登录创建了该账户的计算机，访问该计算机的系统资源。此类账户通常在工作组网络中使用，其显著特点是基于本机的。

（2）域用户账户是建立在域控制器活动目录数据库中的账户。此类账户具有全局性，可以登录域网络环境模式中的任何一台计算机，并获得访问该网络的权限。这需要系统管理员在域控制器中，为每个登录到域的用户创建一个用户账户。

Windows Server 2016 还提供了内置用户账户，它属于本地用户账户，用于执行特定的管理任务或使用户能够访问网络资源。Windows Server 2016 系统最常用的两个内置账户是 Administrator 和 Guest。

Administrator（系统管理员）账户是 Windows Server 2016 中的核心账户之一，它拥有系统中最高的权限级别。该账户主要用于全面管理计算机的各项设置和配置，包括但不限于创建、更改、删除用户账户和组账户，设置安全策略，管理打印机和其他设备，以及配置用户权限等。

⚠ **注意**：Administrator 账户是在安装操作系统的过程中自动创建的，用户无法手动删除。为了增强系统安全性，建议管理员对默认的 Administrator 账户名称进行更改。

Guest（访客）账户是另一个重要的内置账户，其权限级别相对较低，主要用于临时访问计算机。在公共环境或对安全性要求不高的网络环境中，Guest 账户为没有正式账户的用户提供了访问计算机的权限。Guest 账户是在安装操作系统过程中自动创建的，用户虽然可以更改其名称，但无法将其删除。为了维护系统的安全性，Guest 账户默认处于禁用状态。在需要进行临时访问或对安全性要求较低的情况下，管理员可以启用此账户。

组是多个用户、计算机账号、联系人和其他组的集合，也是操作系统实现其安全管理机制的重要技术手段。属于特定组的用户或计算机被称为组的成员。使用组可以同时为多个用户账户或计算机账户指派一组公共的资源访问权限和系统管理权限，而不必单独为每个账户指派权限，从而简化管理，提高效率。

系统内置了许多本地组，它们本身都已经被赋予了一定的权限（Permissions），以便让它们具备管理本地计算机或访问本机资源的能力。只要用户账户被加入本地组，此用户就具备了该组所拥有的权限。下面列出了 8 种常用的本地组。

（1）Administrators：该组内的用户具备系统管理员的权限，他们拥有对这台计算机最大的控制权，可以执行整台计算机的管理工作。内置的系统管理员账户就隶属于该组，而且无法将它从该组内删除。

（2）Backup Operators：该组的用户可以备份和恢复文件，管理磁盘配额，但是通常不会拥有其他管理员账户级别的权限。

（3）Guests：该组内的用户无法永久改变桌面的工作环境，用户登录时，系统会为其建立一个临时的用户配置文件，而注销时，此配置文件会被删除。该组默认成员为 Guest 账户。

（4）Network Configuration Operators：该组内的用户可以执行常规的网络配置工作，

如更改 IP 地址，但是不可安装、删除驱动程序与服务，也不能执行与网络服务器配置有关的工作，如 DNS 服务器与 DHCP 服务器的设置。

（5）Performance Monitor Users：该组内的用户可监视本地计算机的运行性能。

（6）Power Users：为了简化组，该组的用户权限高于普通用户账户但低于管理员账户，可以创建本地组、更改组策略等，但无法进行某些系统级别的更改。

（7）Remote Desktop Users：该组内的用户可以从远程计算机上利用远程桌面服务登录。

（8）Users：该组内的用户只拥有一些基本权限，如运行应用程序、使用本地与网络打印机、锁定计算机等，但不能将文件夹共享给网络上的其他用户，也不能将计算机关机等。所有新建的本地用户账户都会自动隶属于此组。

1.1.2 图形界面创建本地账户

Windows 操作系统允许用户创建本地用户账户，并允许用户执行个性化设置、保存文件、安装软件等操作。使用本地用户账户登录系统，用户可以享受许多便捷的功能和安全性保障。在 Windows Server 2016 中创建新的本地用户账户的具体步骤如下。

第一步，右击"开始"按钮，然后在弹出的菜单中选择"计算机管理"命令。

第二步，打开"计算机管理"窗口，在左侧窗格中依次展开"系统工具"→"本地用户和组"节点，然后选择其中的"用户"选项。中间窗格显示了系统包含的内建账户和管理员创建的账户。在空白处右击，选择"新用户"命令，从而创建用户，如图 1-1 所示。在弹出的窗口中输入用户的相关数据，然后单击"创建"按钮，完成新用户的创建。

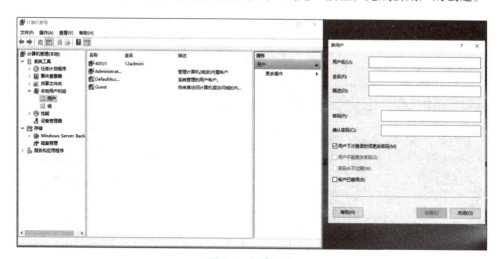

图 1-1　新建用户

新用户创建界面中相关参数介绍如下：
- 用户名：用户登录时需要输入的账户名称；
- 全名、描述：用户的完整名称，用来描述用户账户的说明文字；
- 密码、确认密码：设置用户账户的密码。输入的密码会以黑点（·）来显示，以免被其他人看到，必须再输入一次，确认所输入的密码是正确的；

- 用户下次登录时须更改密码：用户在下次登录时，系统会强制用户更改密码，这个操作可以确保只有该用户知道自己设置的密码；
- 用户不能更改密码：可防止用户更改密码，如果没有勾选此选项，则系统永远不会要求该用户更改密码，即密码永不过期（42天是系统默认的密码有效时间）；
- 账户已禁用：可以防止用户利用此账户登录，例如，对于预先为尚未报到的新员工建立的账户，或某位请长假的员工账户，都可以利用"账户已禁用"暂时停用。被停用的账户前面会有一个向下的箭头，如图1-2所示。

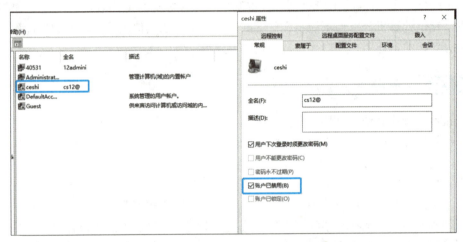

图1-2 禁用账户

第三步，建立好用户账户，重启计算机后，单击新建账户，登录系统，如图1-3所示。

图1-3 利用新建账户登录

1.1.3 图形界面管理组

在Windows系统中，创建和管理组是一项至关重要的任务，它有助于优化用户管理和权限控制。通过合理地创建组并为其分配适当的权限，可以确保系统的安全性和稳定性。在Windows Server 2016系统中创建和管理组的基本步骤如下：

第 1 章　Windows 账户安全

第一步，打开"计算机管理"窗口，选中左侧"本地用户和组"下的"组"选项，然后右击，选择"新建组"命令。

第二步，打开如图 1-4 所示的"新建组"窗口，在"组名"文本框中输入组的名称，然后可以在"描述"文本框中输入有关组的用途的简要说明。

第三步，单击"创建"按钮，然后单击"关闭"按钮关闭"新建组"窗口，新建的组将会显示在中间窗格中。

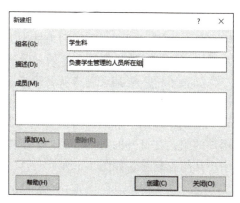

图 1-4 "新建组"窗口

1.1.4 图形界面管理组账户

在 Windows 操作系统中，将用户账户添加到特定的组中是一个常见的任务，这通常是为了分配特定的权限或限制。以下是在 Windows 系统中将账户添加到组中的基本步骤。

第一步，打开"计算机管理"窗口，在左侧窗格中依次展开"系统工具"→"本地用户和组"节点，然后选择其中的"组"。在中间窗格中右击要向其添加用户的 Administrators 组，然后在弹出的菜单中选择"添加到组"命令。

第二步，向该组中添加其他用户，则在弹出的窗口中单击"添加"按钮。

第三步，打开"选择用户"对话框，可以直接在文本框中输入要添加的用户账户的名称。如果不记得名称的正确拼写，那么可以单击"高级"按钮，在展开的对话框中单击"立即查找"按钮。在图 1-5 中"搜索结果"框中选择要添加的用户账户，然后双击它即可。

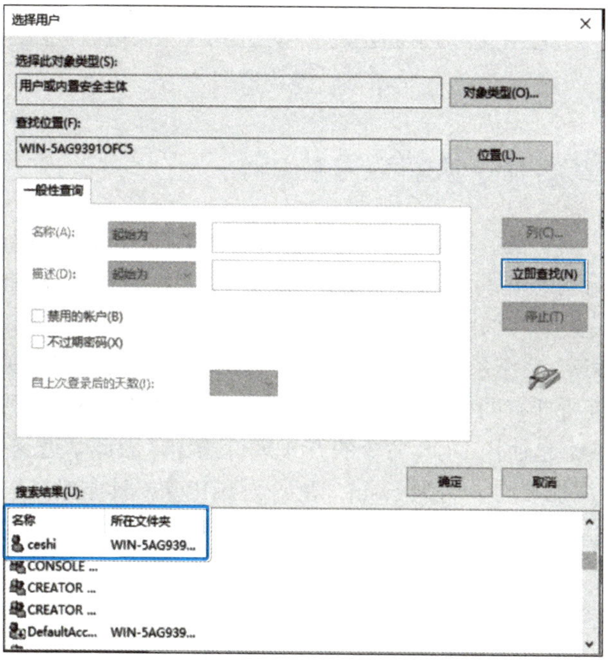

图 1-5 搜索结果

第四步，输入或选择好要添加的用户以后，单击"确定"按钮返回组属性窗口，所选用户将会被添加到"成员"列表框中，表示该用户已被添加到该组中。下次使用该用户账户登录系统时，该设置即可生效。此后该用户将具有"学生科"组所拥有的权限。

如果不再需要某个用户从属于指定组，那么可以将该用户从指定组中删除，删除后该用户将不再具有该组的所有权限。在"计算机管理"窗口的左侧窗格中依次展开"系统工具"→"本地用户和组"节点并选择其中的"组"，然后双击中间窗格中包含要从中删除用户的组，在打开的对话框的列表框中选择要删除的用户，单击"删除"按钮，即可将该用户从组中删除，如图 1-6 所示。

图 1-6　删除用户

1.1.5 使用 DOS 命令管理账户组

对于计算机账户的管理，可以使用 net user 命令对账户进行创建、删除等操作。使用 net localgroup 命令可对组进行查看、创建、删除等操作，还可以将账户加入指定的组当中，加入管理员组需要响应权限。

黑客渗透 Windows 操作系统时，拿到 shell 以后，首先会使用相关命令查看所处于的用户与组，从而检查所拥有的权限，然后才经过"系统授权"拿到管理员执行权限并创建用户。这些操作往往都是使用 DOS 命令的方式进行操作，因此掌握这些命令非常重要。

通过 DOS 命令添加账户，名为 ceshi，密码为 cs12@，具体操作如下：

```
C:\Users\40531>net user ceshi cs12@ /add
```

通过 DOS 命令查看 ceshi 账户属性，具体操作如下：

```
C:\Users\40531>net user ceshi
```

通过 DOS 命令修改账户 ceshi 密码为 cs34@，具体操作如下：

```
C:\Users\40531>net user ceshi cs34@
```

通过 DOS 命令删除 ceshi 账户，具体操作如下：

```
C:\Users\40531>net user ceshi /delete
```

查看当前系统账户组列表，具体操作如下：

```
C:\Users\40531>net localgroup
```

添加账户组"学生科"，具体操作如下：

```
C:\Users\40531>net localgroup 学生科 /add
```

将用户 ceshi 添加进账户组"学生科"，具体操作如下：

```
C:\Users\40531>net localgroup 学生科 ceshi /add
```

查看账户组"学生科"下的成员列表，具体操作如下：

```
C:\Users\40531>net localgroup 学生科
```

删除账户组"学生科"，具体操作如下：

```
C:\Users\40531>net localgroup 学生科 /del
```

将 ceshi 用户加入远程桌面组，使其可以远程连接服务器，具体操作如下：

```
C:\Users\40531>net localgroup "remote desktop users" ceshi /add
```

1.1.6 隐藏账户

一种针对 Windows 操作系统的渗透测试是创建隐藏账户。隐藏账户在"控制面板"→"本地用户和组"里面是看不见的，但却拥有管理员权限，可以做任何想做的事。它们一般存储在注册表中，多数情况下都和黑客入侵挂钩。由于隐藏账户隐秘性很强，几乎 99% 的用户并不知道系统已被植入了隐藏账户，而且目前几乎没有能很好捕捉隐藏账户的工具。

隐藏账户有两种创建方式：利用命令行创建普通隐藏账户和利用注册表创建并导出隐藏账户。

（1）在命令行中使用 $ 符号创建隐藏账户。这种方法利用了 Windows 系统的一项功能：$ 符号隐藏账户或文件夹。该方法创建的账户只能在"命令提示符"中进行隐藏，而使用"计算机管理"则可以发现该账户，因此这种隐藏账户的方法并不是很实用，属于入门级的系统账户隐藏技术，具体步骤如下。

第一步，右击"开始"按钮，然后在弹出的菜单中选择"运行"命令，在打开的运行窗口中输入 cmd 命令后按下 Enter 键。

第二步，在 DOS 窗口中输入命令 net user ceshi$ cs12@/add，按下 Enter 键。然后在命令提示符中输入查看系统账户的命令 net user。

第三步，打开"计算机管理"窗口，依次单击"系统工具"→"本地用户和组"→"用户"，则建立的隐藏账户 ceshi$ 暴露无遗，如图 1-7 所示。

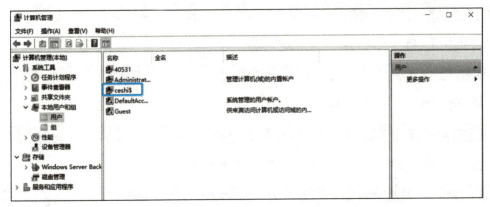

图 1-7　使用"计算机管理"工具查看利用 $ 创建的隐藏账户

（2）通过修改注册表也可以创建隐藏账户，具体步骤如下所示。

第一步，右击"开始"按钮，然后在弹出的菜单中选择"运行"命令，在打开的运行窗口中输入 regedit 命令后按下 Enter 键，打开注册表。

第二步，访问注册表路径为 HKEY_LOCAL_MACHINE\SAM\SAM\Domains\Account\Users\Names\。

⚠ 注意：如果无法打开 SAM，请为 SAM 进行授权，因为其要求 Administrators 组用户应具有"完全控制"权限，如图 1-8 所示。

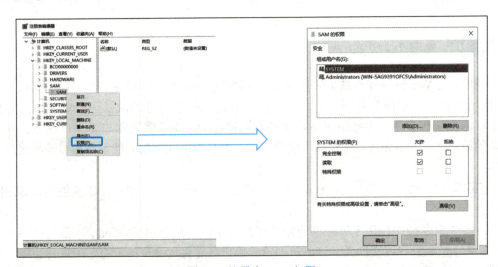

图 1-8　注册表 SAM 权限

第三步，在上述注册表的目录下，找到任意创建的用户，本例使用的账户为 ceshi$，需要导出三个注册表，如图 1-9 所示。

- ceshi$：账户注册表；

- user_ceshi$：用户对应的 Users 注册表；
- Administrator：用户对应的 Users 目录注册表，本例该管理员用户对应的表名称为 0x3ee。

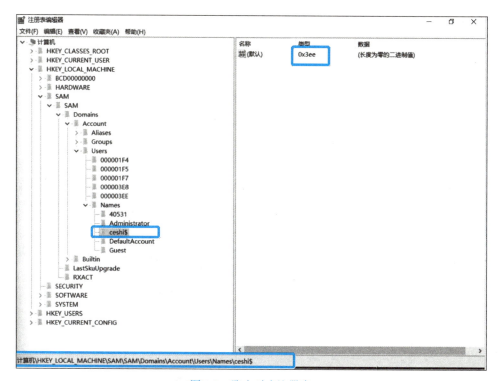

图 1-9　账户对应注册表

第四步，打开 Administrator 导出的注册表，将其中 F 参数的值替换到 ceshi$ 对应 Users 目录的注册表中，如图 1-10 所示。

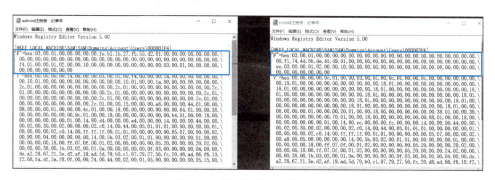

图 1-10　修改注册表 F 参数值

第五步，将原有的 ceshi$ 用户删除，命令如下：

```
C:\Users\40531>net user ceshi$ /delete
```

第六步，先导入 ceshi$ 注册表，再导入修改的 ceshi$ 的 Users 目录注册表，如图 1-11 所示。

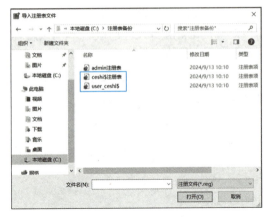

图 1-11　导入注册表

第七步，测试功能，使用 net user ceshi$ 命令和图形界面方式检查隐藏账户是否存在。

使用隐藏账户 ceshi$ 登录对端服务器的远程桌面，可以发现在无法察觉任何隐藏账户的情况下，登录了对端的远程桌面，如图 1-12 所示。

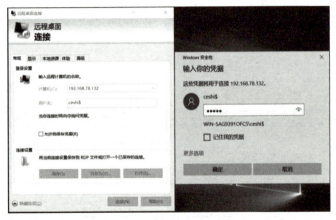

图 1-12　利用隐藏账户远程登录

进入 Windows 安全日志中可以查看到隐藏账户的登录信息，如图 1-13 所示。

图 1-13　通过 Windows 安全日志查看账户

1.2 Windows 活动目录 AD 域

Windows 活动目录
的配置与管理

1.2.1 Windows 活动目录简介

Windows 系统通过活动目录组件来实现目录服务，将网络中的各种资源组合起来，进行集中管理，方便网络资源的检索，使企业可以轻松地管理复杂的网络环境。Windows Server 2016 系统下的 AD 服务包括以下 5 个服务：AD 证书服务（Active Directory Certificate Services，ADCS）、AD 域服务（Active Directory Domain Services，ADDS）、AD 联合身份验证服务（Active Directory Federation Services，ADFS）、AD 轻量目录服务（Active Directory Lightweight Directory Services，ADLDS）和 AD 权限管理服务（Active Directory Rights Management Services，ADRMS）。

在 Windows Server 2016 的网络环境中，ADDS 提供了用来组织、管理与控制网络资源的各种强大功能。AD 域内的 Directory Database（目录数据库）用来存储用户账户、计算机账户、打印机与共享文件夹等对象，而提供目录服务的组件就是 ADDS，它负责目录数据库的存储、添加、删除、修改与查询等工作。

ADDS 的目录数据是存储在域控制器内的。一个域内可以有多台域控制器，每一台域控制器的地位（几乎）是平等的，它们各自存储着一份相同的 ADDS 数据库。当在任何一台域控制器内添加了一个用户账户后，此账户默认是被建立在此域控制器的 ADDS 数据库中，之后会自动被复制到其他域控制器的 ADDS 数据库中，以便让所有域控制器内的 ADDS 数据库都能够同步。当用户在某台域成员计算机登录时，会由其中一台域控制器根据其 ADDS 数据库内的账户数据，来审核用户所输入的账户与密码是否正确。如果正确，用户可以成功登录，反之则被拒绝登录。多台域控制器可以提供容错功能，即其中一台域控制器出现故障，仍然可由其他域控制器来提供服务。另外它也可以提升用户登录效率，因为多台域控制器可以分担审核登录用户身份（用户名与密码）的负担。域控制器是服务器级别的计算机，如搭载 Windows Server 2016、Windows Server 2012 R2、Windows Server 2008 R2 等系统的计算机。AD 服务能提供的功能有 5 个方面。

（1）服务器及客户端计算机管理：管理服务器及客户端计算机账户，所有服务器及客户端计算机加入域管理并实施组策略。

（2）用户服务管理：管理用户域账户、用户信息、企业通信录（与电子邮件系统集成）、用户组管理、用户身份认证、用户授权管理等。

（3）资源管理：管理网络中的打印机、文件共享服务等网络资源。

（4）基础网络服务支撑：包括 DNS、WINS、DHCP、证书服务等。

（5）策略配置：系统管理员可以通过 AD 服务集中配置客户端策略，如界面功能的限制、应用程序执行特征限制、网络连接限制、安全配置限制等。

根据图 1-14 所示的典型 AD 服务结构图，可以明确识别出 AD 服务由以下 5 个关键

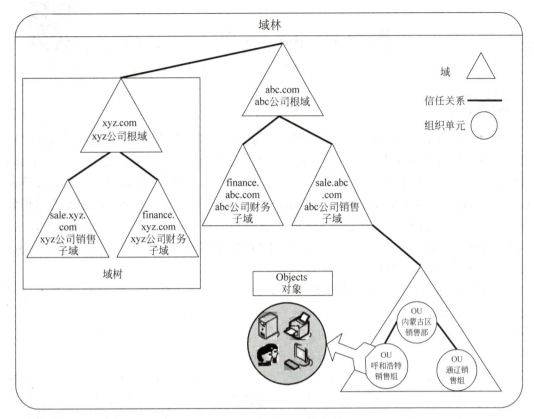

图 1-14 典型的 AD 服务结构

组成部分构成。

（1）对象（Objects）：Active Directory 以对象为基本单位，采用层次结构来组织管理对象。这些对象包括网络中的各项资源，如用户、服务器、计算机、打印机和应用程序等。

（2）域（Domain）：AD 的基本单位和核心单元，是 AD 的分区单位，AD 中必须至少有一个域。一个典型的域包括域控制器（Domain Controller，DC）、成员服务器和工作站等类型的计算机，一般一个组织机构自然构成一个域，如图 1-14 中的代表 abc 公司的 abc.com 就是一个域。

（3）组织单元（Organization Unit，OU）：将域再进一步划分成多个组织单位以便于管理。组织单元是可将用户、组、计算机和其他组织单元放入其中的 Active Directory 容器。每个域的组织单元层次都是独立的，组织单元不能包括来自其他域的对象。组织单元相当于域的子域，本身也具有层次结构，如图 1-14 中的 abc.com 域下辖的内蒙古区销售部就是一个 OU。

（4）域树（Tree）：可将多个域组合成为一个域树，图 1-14 中的 abc.com 域、其下辖的 abc 公司财务子域以及 abc 公司销售子域共同构成一个域树。

（5）林（Forest）：一个或多个域树的集合，图 1-14 中的 abc.com 域树以及与之建立信任关系的 xyz.com 域树一起构成一个林。

1.2.2 AD 域搭建

为了构建一个高效且稳定的 ADDS 域,首要的任务是安装并随后提升一台服务器作为域控制器。在着手这一关键步骤之前,应确保完成以下 5 项至关重要的准备工作。

第一,服务器必须配置有静态的 IP 地址,如 172.168.1.2,这将确保服务器的网络稳定性及可识别性。

第二,选择一个既符合组织文化又便于记忆的 DNS(Domain Name System)域名,如 abc.com。这至关重要,因为它将成为网络环境中身份识别与资源定位的基础。

第三,安装活动目录时,执行安装操作的登录用户必须拥有管理员组(Administrators)的充分权限,以确保安装过程及后续配置的安全性和准确性。

第四,准备一台专门支持 ADDS 的 DNS 服务器。这台服务器负责解析域名,确保网络通信的顺畅,当前服务器的 TCP/IP 设置中的 DNS 地址必须正确配置为这台专用 DNS 服务器的地址。

第五,为 ADDS 数据库选择一个合适的存储位置,确保该位置拥有充足的空闲磁盘空间(至少 250MB),以保证数据库能够高效运行以及未来具有可扩展性。

这些准备工作将为 ADDS 域的顺利构建奠定坚实基础,确保网络的稳定、安全和高效运行。具体操作步骤如下。

1. 域控制器搭建

第一步,设置该服务器的 IP 地址为静态 IP 地址,如图 1-15 所示。

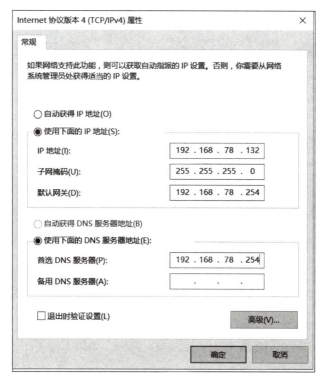

图 1-15　设置静态 IP 地址

第二步，安装域服务。进入"服务器管理器"界面，选择"添加角色和功能"。服务器角色选择 AD 域服务和 DNS 服务器（当弹出窗口时，添加功能即可），如图 1-16 和图 1-17 所示。按步骤完成，直至"安装"按钮可用，单击"安装"按钮，安装成功。

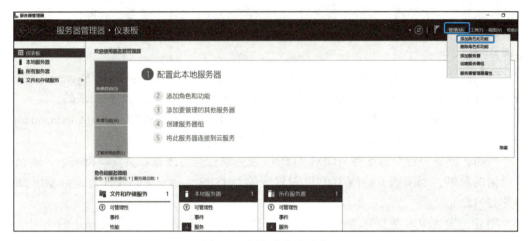

图 1-16　添加角色和功能

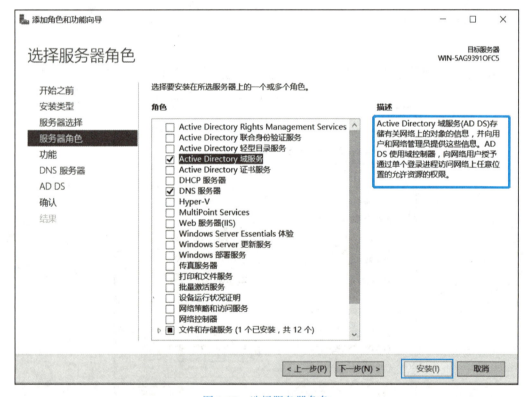

图 1-17　选择服务器角色

第三步，选择"将此服务提升为域控制器"选项，如果不慎关闭了向导，可以在"服务器管理器"中再次找到。

第四步，进入"Active Directory 域服务配置向导"界面，在"选择部署操作"中选择"添加新林"，输入根域名 ceshi.com，如图 1-18 所示，这里必须使用允许的 DNS 域命名约定。

图 1-18　添加新林

第五步，输入目录服务还原模式密码，这里自定义为 123qweQWE。目录服务还原模式是一种安全模式，进入此模式可以修复 ADDS 数据库，在进入目录服务还原模式前，需要输入此处设置的密码，如图 1-19 所示。

图 1-19　域控制器选项

第六步，默认单击"下一步"按钮，检查此计算机是否满足安装 AD 域服务的先决条件，如满足条件，可单击"安装"按钮，安装完成会自动重启，如图 1-20 所示。

图 1-20　域服务器安装

重启后发现在账户名前自动加入了域名 CESHI，如图 1-21 所示。

图 1-21　重启系统

2. 将计算机加入 AD 域

第一步，将待加入域的另一台主机的 DNS 地址修改为域控制器的 IP（192.168.78.132），如图 1-22 所示。

第二步，在控制面板中选择"系统和安全"系统更改设置。然后弹出"系统属性"对话框，单击"更改"按钮，如图 1-23 所示。在"域"中输入创建的域名 ceshi.com 即可加入域控制器，单击"确定"按钮即可，如图 1-24 所示。

第1章 Windows 账户安全

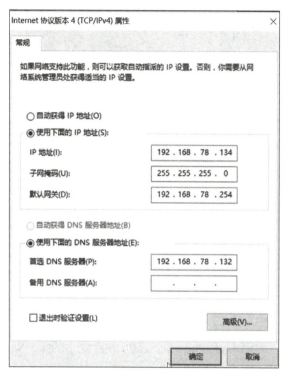

图 1-22　设置 IP 地址

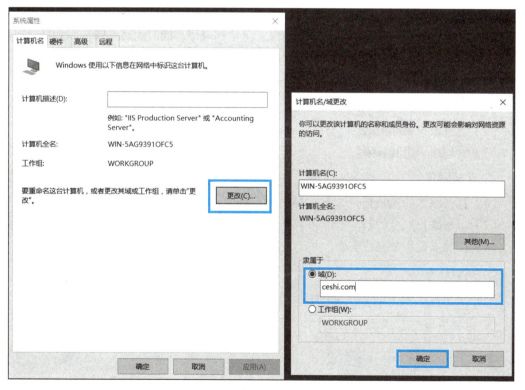

图 1-23　主机加入域

图 1-24　显示域添加成功

1.3　Windows 账户安全实验

1. 实验目的

（1）通过实践操作，了解 Windows Server 2016 系统中的账户安全设置。
（2）掌握如何配置和管理账户权限。

2. 实验背景

2021 年，国内一家中型企业随着员工数量的增加和职责的多样化，其本地账户和组的管理工作变得日益复杂。该企业需要确保安全性和效率，同时满足不同部门和项目组的特定权限需求，因此企业决定对系统进行优化。

3. 实验内容

（1）创建和管理本地用户账户。
（2）配置账户密码策略。
（3）管理用户组和权限。

4. 实验要求

（1）具备基本的 Windows Server 2016 操作能力。
（2）了解账户安全的基本概念和原理。
（3）按照实验步骤完成实验，并记录实验结果。

5. 实验环境

实验使用系统为 Windows Server 2016。

6. 实验步骤

步骤 1：创建本地账户并测试

（1）打开"服务器管理器"界面。单击计算机左下角的"开始"按钮，找到并打开

"服务器管理器"界面,进入"本地用户和组"任务窗口。在"服务器管理器"中,单击左侧的"工具"菜单,然后选择"计算机管理"标签,如图 1-25 所示。

图 1-25　计算机管理设置 1

(2)在"计算机管理"界面中,展开"系统工具"下的"本地用户和组"。要想创建新的本地用户账户,可单击"本地用户和组"标签,在中间的窗格右击"用户"文件夹,选择"新用户"命令。在弹出的"新用户"窗口中,输入用户的姓名、用户名、全名、描述和密码等信息,如图 1-26 所示。

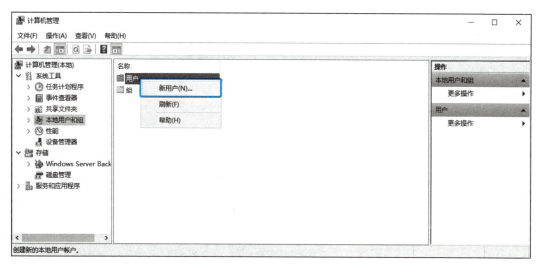

图 1-26　新用户创建设置

(3)根据需要勾选或取消勾选"用户下次登录时须更改密码""密码永不过期"等复选框。单击"创建"按钮完成新用户的创建。测试新创建的本地账户,使用新创建的本地账户登录到服务器,验证账户是否能够正常访问授权的资源,如图 1-27 所示。

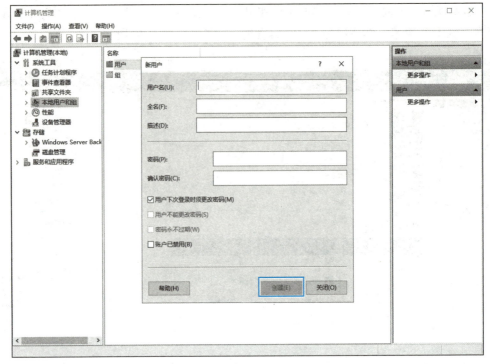

图 1-27　验证账户设置

> **步骤 2**：创建管理组

（1）进入"计算机管理"界面，如图 1-28 所示。

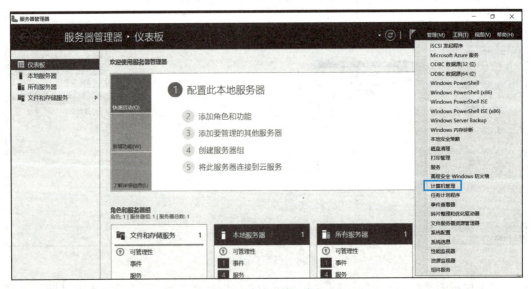

图 1-28　计算机管理设置 2

（2）在"计算机管理"界面中，展开"系统工具"下的"本地用户和组"。在中间窗格中，右击"组"文件夹，选择"新建组"，如图 1-29 所示。

图 1-29 新建组创建设置

（3）在弹出的"新建组"窗口中输入组名、描述，并根据需要选择组的作用域。单击"添加"按钮，将需要加入该管理组的用户账户添加到成员列表中。确认信息无误后，单击"创建"按钮完成新管理组的创建，如图 1-30 所示。

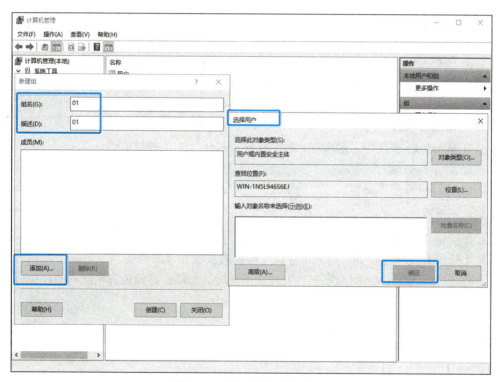

图 1-30 完成新建组创建设置

（4）分配管理组权限应根据企业的安全策略和业务需求，为新创建的管理组分配适当的文件系统权限、服务权限或其他安全设置。这可能涉及编辑安全策略、修改文件共享权限或配置特定的服务设置。

7. 实验结果与验证

结果表明，成功创建了本地用户账户，并设置了密码。配置了账户密码策略，提高了密码的安全性。创建了用户组，并将用户添加到组中，为用户分配了相应的权限。通过实际操作，验证了实验的正确性和有效性。

◆ 课 后 习 题 ◆

一、选择题

1. 下列选项中，（　　）不属于域控制器存储的域范围内的信息。
   A. 安全策略信息　　　　　　　　B. 用户身份验证信息
   C. 账户信息　　　　　　　　　　D. 工作站分区信息

2. 活动目录与（　　）的关系最为紧密，使用此服务器进行域控制器的 IP 登记以及各种资源的定位。
   A. DNS　　　　B. DHCP　　　　C. FTP　　　　D. HTTP

3. 下列选项中，（　　）不属于活动目录的逻辑结构。
   A. 域树　　　　B. 域林　　　　C. 域控制器　　　　D. 组织单元

4. 在 Windows 操作系统中，隐藏账户的主要目的是（　　）。
   A. 提升系统效率　　　　　　　　B. 简化用户管理
   C. 加强系统安全性　　　　　　　D. 维持权限稳定

5. 下列选项中，（　　）不能用于创建 Windows 隐藏账户。
   A. 命令行操作　　　　　　　　　B. 控制面板设置
   C. 修改注册表项　　　　　　　　D. 使用第三方软件

6. 在 Windows 系统中，隐藏账户通常无法通过（　　）被检索到。
   A. 命令行查询　　　　　　　　　B. 控制面板查看
   C. 计算机管理界面　　　　　　　D. 注册表编辑器查看

二、简答题

1. 假设你是一家公司的网络管理员，公司要求你在公司内部网络中部署一个 AD 域以实现集中管理和安全性提升。请列出你认为必要的步骤和考虑因素。

2. 创建一个 Windows 隐藏账户，为其赋予管理员权限，并验证隐藏账户的存在。

第 2 章

Windows 文件系统安全

 本章导读

  Windows 系统管理员应该依据工作及职位需求，妥善分配用户等级和权限等级。系统管理员应精通文件与目录权限的设置，并能够根据需求变更文件或目录属性，以确保系统数据安全。Windows 系统中常规的读、写、执行权限往往无法满足部分用户的基本需求，因此特殊权限应运而生，旨在弥补一般权限的不足，协助无权限用户执行需系统管理员权限的任务。磁盘内存储着计算机内的所有数据，系统管理员应该对磁盘有充分了解，并妥善管理磁盘，以便有效利用磁盘存储数据，并确保数据的完整和安全。

 学习目标

知识目标	<ul><li>了解 Windows 文件系统的基本概念与分类、文件和文件夹权限分类，以及基本权限和高级权限的区别；</li><li>熟悉文件和文件夹权限配置原则；</li><li>掌握文件系统数据安全管理方法，包括数据的加密与解密，数据的压缩与解压缩方法；</li><li>了解磁盘系统管理分类和区别。</li></ul>
技能目标	<ul><li>掌握 Windows 文件系统管理，文件权限设置和特殊权限设置方法；</li><li>掌握 MBR 磁盘与 GPT 磁盘的设置方法；</li><li>掌握磁盘创建、压缩、扩展以及删除等操作方法；</li><li>掌握 Windows 磁盘配额设置和应用场景。</li></ul>

2.1 Windows 文件系统

Windows 文件系统

2.1.1 Windows 文件系统简介

当用户向磁盘中存储文件时，文件都是按照某种格式存储到磁盘上的，这种格式就是文件系统。在 Windows 操作系统中，常见的文件系统有 4 种。它们的区别主要体现在系统兼容性、使用效率、系统安全性和支持磁盘容量几个方面。

NTFS（New Technology File System）系统是 Windows NT 环境中的文件系统，是 Windows NT 家族（如 Windows 2000、Windows XP、Windows Vista、Windows 7 和 Windows 8.1）等限制级专用的文件系统（操作系统所在盘符的文件系统必须格式化为 NTFS 的文件系统），它取代了 FAT 文件系统。

NTFS 对 FAT 和 HPFS 进行了若干改进，如支持元数据和使用高级数据结构等，以便改善性能、可靠性和磁盘空间利用率，并提供了若干附加扩展功能。

NTFS 文件系统性能优秀，最大容量为 16EB，容错性较好，支持长文件名、磁盘配额，以及文件访问权限设置和文件加密。

ReFS 文件系统是从 Windows Server 2012 系统开始全新设计的文件系统，又称弹性文件系统，它以 NTFS 为基础构建，不仅保留文件系统的兼容性，还可支持新一代存储技术与场景。

2.1.2 NTFS 分区格式化与转换

在 NTFS 分区格式化与转换过程中，必须持有严谨、稳重、理性的态度，并展现一丝不苟、精益求精的精神，以确保文件系统的可用性和安全性得到充分保障。NTFS 的格式化过程主要包含以下 3 个步骤。

第一步，NTFS 分区。在命令行中输入 compmgmt.msc，打开"计算机管理"窗口，选择"磁盘管理"标签。

第二步，NTFS 格式化。例如，现有一块优盘，其格式为 FAT 32 文件系统。首先在该优盘上右击，选择"格式化"命令，在弹出的对话框中单击"文件系统"列表框，选择 NTFS。然后单击"确定"按钮进行格式化，在弹出的警告对话框中单击"确定"按钮进行格式化，完成格式化后单击"关闭"按钮。

第三步，NTFS 格式转换。单击系统左下角 Windows 图标，在弹出的菜单中选择"运行"命令，在打开的运行窗口中输入 cmd，进入命令行模式，输入 convert H:/fs:ntfs，然后按下 Enter 键。

⚠ 注意：格式转换可能会导致磁盘数据丢失，所以提前做好备份工作。

当用户试图访问一个文件或者文件夹的时候，文件系统会检查用户使用的账户或者账户所属的组是否在此文件或者文件夹的访问控制列表（ACL）中。如果存在，则进一步检查访问控制项（ACE），然后根据控制项中的权限判断用户的最终权限。如果访问控制列表中不存在用户使用的账户或者账户所属的组，就拒绝用户访问。

在 Windows 操作系统中，可以为文件和文件夹设置的权限有基本权限和高级权限两大类。其中，基本权限已经可以满足常规需求，而通过特殊权限可以更精细地来分配权限。

1. Windows 操作系统权限

（1）完全控制：对文件或文件夹可执行所有操作。

（2）修改：可以修改、删除文件或文件夹。

（3）读取和运行：可以读取内容，执行应用程序。

（4）列出文件夹目录：可以列出文件夹内容，此权限只针对文件夹存在的情况。

（5）读取：可以读取文件或文件夹的内容。

（6）写入：可以创建文件或文件夹。

（7）特别的权限：其他不常用权限，如删除权限的权限。

（8）所有权限都有"允许"和"拒绝"两种选择。

2. NTFS 与 ReFS 基本文件权限的种类

（1）读取：可以读取文件内容、查看文件属性与权限等，打开"文件资源管理器"，选中文件后右击"属性"，查看只读、隐藏等文件属性。

（2）写入：可以修改文件内容、在文件中追加数据与改变文件属性等。用户至少还需要具备读取权限才可以更改文件的内容。

（3）读取和执行：除了具备读取的所有权限外，还具备执行应用程序的权限。

（4）修改：除了拥有前述的所有权限外，还可以删除文件。

（5）完全控制：除了拥有前述所有权限，再加上修改权限与取得所有权的特殊权限。

3. NTFS 与 ReFS 基本文件夹权限的种类

（1）读取：可以查看文件夹内的文件与子文件夹名称、查看文件夹属性与权限等。

（2）写入：可以在文件夹内新建文件与子文件夹、改变文件夹属性等。

（3）列出文件夹内容：除拥有读取的所有权限之外，还具有遍历文件夹的权限，也就是可以进出此文件夹。

（4）读取和执行：与列出文件夹内容相同，不过列出文件夹内容的权限只会被文件夹继承，而读取和执行会同时被文件夹与文件继承。

（5）修改：除了拥有前述的所有权限，还可以删除此文件夹。

（6）完全控制：拥有前述所有权限，再加上修改权限与取得所有权的特殊权限。

4. NTFS 与 ReFS 高级权限

NTFS 与 ReFS 高级权限也就是特殊权限，包括 13 种类型，如图 2-1 所示。

NTFS 与 ReFS 文件系统中的用户有效权限种类繁多，包括但不限于读取、写入、执行、修改以及完全控制等，为用户提供了极其精细的权限设置手段。为确保系统权限的合理应用，需要深入理解权限的三大规则与优先级，并熟悉权限的继承机制。

首先，权限具有可继承性。当为某一文件夹设定权限后，该权限将默认被该文件夹下的所有子文件夹及文件所继承。举例来说，若为用户 A 设置了对甲文件夹的读取权限，

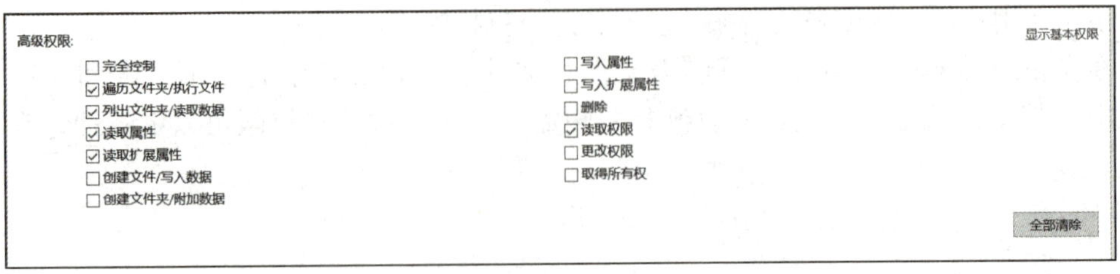

图 2-1　高级权限

则用户 A 将同样拥有对甲文件夹内所有文件的读取权限。

其次，在设定文件夹权限时，不仅可以选择让子文件夹与文件均继承权限，还可以单独设定仅让子文件夹或文件继承，或者选择不让它们继承任何权限。而在设定子文件夹或文件权限时，同样可以设定其不继承父文件夹的权限，此时该子文件夹或文件的权限将直接以单独设定的权限为准。

再次，权限还具有累加性。当用户同时属于多个组，并且这些组对同一文件或文件夹拥有不同权限时，该用户对该文件或文件夹的最终有效权限将是其所有权限来源的总和。例如，若用户 A 同时属于业务组和经理组，且这两个组对某一文件拥有不同的权限，则用户 A 对该文件的最终有效权限将是这两组权限的总和。

最后，拒绝权限在权限体系中具有最高优先级。即使用户对某一文件的有效权限是其所有权限来源的总和，但只要其中包含了拒绝权限，该用户将失去对该文件的访问权限。因此，在设置权限时，需要特别谨慎地处理拒绝权限，以避免不必要的权限冲突和访问问题。

在进行权限设置时，用户应严格遵循以下 5 项原则，以确保设置的高效性与准确性，并最大限度地减少遗漏和错误。

（1）按照文件层次结构由高到低的顺序进行设置，确保权限的层级关系清晰明确。

（2）遵循权限分配最小化原则，仅授予用户完成其任务所需的最小权限，以减少潜在的安全风险。

（3）利用组的概念来集中管理单一用户的权限，以提高管理效率并降低维护成本。

（4）用户应尽量避免修改磁盘分区根目录的默认权限配置，以保持系统的稳定性和安全性。

（5）切勿为文件或文件夹添加 Everyone 组并为其设置拒绝权限，以避免权限冲突和不必要的访问限制。

NTFS 与 ReFS 磁盘内的所有文件和文件夹均设有所有者，通常默认为创建该文件或文件夹的用户。所有者具备修改其所拥有文件或文件夹权限的能力，不受当前访问权限的限制。当文件在磁盘内部被复制或移动时，其权限属性可能会发生变化。若文件被复制到另一文件夹，则相当于创建了一个新文件，新文件的权限将遵循目标文件夹的权限设置。若文件在同一磁盘内的不同文件夹间进行移动（剪切操作），并且源文件设置为继承父项权限，则源文件将取消从原文件夹继承的权限（非继承权限保持不变），并转而继承目标文件夹的权限；若源文件设置为不继承父项权限，则保持原有权限不变。若文件被移动到另一磁盘，该文件将遵循目标磁盘文件夹的权限设置。

2.2 Windows 文件系统管理

2.2.1 设置文件与文件夹权限

如果将文件权限分配给用户，首先自行创建 C:\Ceshi\ceshitext.txt，查看文件的权限，文件已有一些从父项对象 C:\Ceshi 继承来的权限，例如 Users 组的权限。

⚠ 注意：只有 Administrators 组内的成员、文件 / 文件夹的拥有者、具备完全控制权限的用户，才有权设置这个文件 / 文件夹的权限。

若要将权限赋予其他用户，需要单击"编辑"按钮，然后单击"添加"按钮，通过"位置"按钮选择用户账户的来源（域或本地用户），通过"高级"按钮选择用户账户"立即查找"，从组或用户名列表中选择用户或组，如图 2-2 所示。

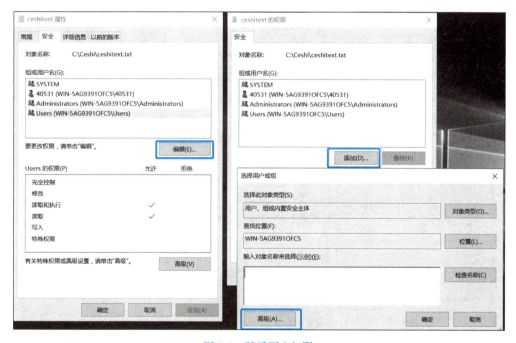

图 2-2　赋予用户权限

完成设置后 CeshiUser 用户的默认权限都是"读取和执行"与"读取"，若要修改此权限，勾选权限右侧的"允许"或"拒绝"复选框即可，如图 2-3 所示。

由父项所继承的权限（如 Users 的权限），不能直接将灰色的勾取消，只可以增加勾选，如图 2-4 所示。

若不想继承父项权限，不让 ceshitext 继承 Ceshi 的权限，可以单击"高级"→"禁用继承"按钮，通过选择从此对象中删除所有已继承的权限。之后针对 C:\Ceshi 所设置的权限，都不会被文件 ceshitext.txt 继承，如图 2-5 所示。

操作系统安全

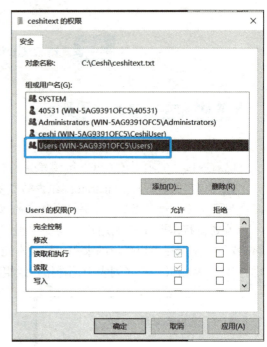

图 2-3 修改权限　　　　　　　　　　图 2-4 父项所继承的权限

图 2-5 禁用继承

2.2.2 特殊权限设置

在 Windows 操作系统中，文件和文件夹的高级权限设置对于维护数据的安全性和系统的稳定运行具有至关重要的作用。通过精确配置这些权限，可以精确控制哪些用户或用户组能够对特定的文件或文件夹进行何种操作，诸如读取、写入、修改或删除等。这一机制有助于防范未授权的用户接触敏感信息或恶意篡改系统文件，从而确保系统的完整性和数据的机密性。

用户在使用本系统时，如需设置高级安全选项，应遵循以下步骤操作：首先，在"高级"安全设置中选择所需的主题；然后，单击"编辑"按钮，并进一步选择显示"高级权限"；最后，根据实际需求进行相应权限的选择。共有 13 种权限，部分高级权限如图 2-6 所示。

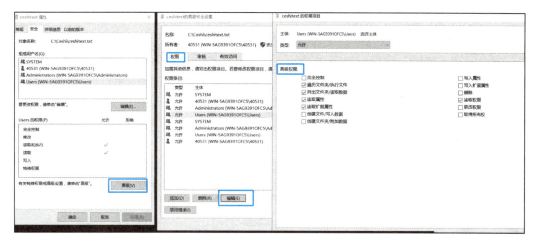

图 2-6　高级权限

⚠ **注意**：在进行高级权限设置时，务必审慎考虑各项权限的利弊，以确保系统的安全性与稳定性。

（1）"遍历文件夹/执行文件"："遍历文件夹"权限允许用户即使在没有权限访问文件夹的情况下，仍然可以切换到该文件夹内。此设置只适用于文件夹，不适用于文件。另外，这个权限只有用户在组策略或本地计算机策略中未被赋予"忽略遍历检查"权限时才有效。"执行文件"权限让用户可以执行程序，此权限只适用于文件，不适用于文件夹。

（2）"列出文件夹/读取数据"："列出文件夹"权限让用户可查看此文件夹内的文件名与子文件夹名称。"读取数据"权限让用户可查看文件内容。

（3）"读取属性"：允许用户可以查看文件夹或文件的属性（只读、隐藏等属性）。

（4）"读取扩展属性"：允许用户可以查看文件夹或文件的扩展属性。

（5）"创建文件/写入数据"："创建文件"权限允许用户在文件夹内创建文件。"写入数据"权限允许用户向文件中写入数据。

（6）"创建文件夹/附加数据"："创建文件夹"权限让用户可以在文件夹内建立子文件夹。"附加数据"权限允许用户在文件中附加数据，但是无法修改、删除、覆盖原有内容。

（7）"写入属性"：允许用户修改文件夹或文件的属性（只读、隐藏等属性）。

（8）"写入扩展属性"：允许用户修改文件夹或文件的扩展属性。

（9）"删除子文件夹及文件"：允许用户删除此文件夹内的子文件夹与文件，即使用户对此子文件夹或文件没有删除的权限也可以将其删除。

（10）"删除"：允许用户删除此文件夹或文件。

（11）"读取权限"：允许用户可以查看文件夹或文件的权限设置。

（12）"更改权限"：允许用户更改文件夹或文件的权限设置。

（13）"取得所有权"：允许用户可以夺取文件夹或文件的所有权。文件夹或文件的所有者，不论其当前对此文件夹或文件拥有何种权限，仍然具备更改此文件夹或文件权限的能力。

2.2.3 用户有效权限

为了查看用户的有效权限，首先，应选中要检查的文件或文件夹，并右击选择"属性"命令。在"属性"窗口中单击"安全"选项卡，并单击"高级"按钮。其次，在高级安全设置窗口中单击"有效访问"选项卡。在此处，可以选择特定的用户来查看其有效权限。最后，单击"查看有效访问"按钮，如图 2-7 所示。有效权限的计算不仅考虑了用户本身的权限，还包括全局组、通用组、域本地组、本地组以及 Everyone 等组的权限。这些权限将被相加以确定用户的最终有效权限。

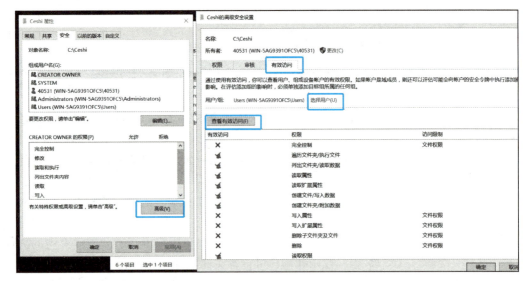

图 2-7　查看有效访问

2.2.4 文件系统数据安全管理

文件系统的数据安全管理是一个综合性任务，它涉及多个关键方面，其中包括 NTFS 磁盘内文件的压缩加密以及文件夹的压缩加密。这两项功能可以较好地确保数据的机密性、完整性和可用性，为组织提供了更高级别的数据保护。

打开"Ceshi 属性"窗口，选择"属性"→"高级"，然后勾选"压缩或加密属性"，单击"确定"按钮，系统会提示确认属性更改并提供两种选项，如图 2-8 所示。

（1）"仅将更改应用于此文件夹"：以后在此文件夹内添加的文件、子文件夹与子文件夹内的文件都会被自动压缩/加密，但不会影响到此文件夹内现有的文件与文件夹。

（2）"将更改应用于此文件夹、子文件夹和文件"：不但以后在此文件夹内新建的文件、子文件夹与子文件夹内的文件都会被自动压缩/加密，而且同时会将已经存在于此文件夹内的现有文件、子文件夹与子文件夹内的文件一并压缩/加密。

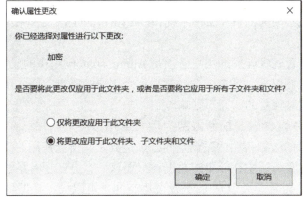

图 2-8　文件夹高级属性

2.3　磁盘系统管理

磁盘系统管理

2.3.1　磁盘系统管理简介

磁盘存储着计算机内的所有数据，因此必须对磁盘有充分了解，并妥善管理磁盘，以便有效利用磁盘存储数据，确保数据的完整和安全。

Windows Server 2016 的磁盘管理分为基本磁盘和动态磁盘。基本磁盘即旧式的传统磁盘系统，新安装的硬盘默认是基本磁盘。动态磁盘是通过使用磁盘管理器对物理磁盘进行转换形成的磁盘。它支持多种特殊的卷类型，有的可以提高系统访问效率，有的可以提供容错功能，有的可以扩大磁盘的使用空间。但动态磁盘不能含有磁盘分区和逻辑驱动器，也不能使用 MS-DOS 访问。

磁盘按分区表的格式可以分为 MBR 磁盘与 GPT 磁盘两种磁盘格式。

（1）MBR 磁盘使用的是旧的传统磁盘分区表格式，其磁盘分区表存储在 MBR（Master Boot Record）内。MBR 位于磁盘最前端，计算机启动时，使用传统 BIOS（基本输入输出系统，是固化在计算机主板上一个 ROM 芯片上的程序）的计算机，其 BIOS 会先读取 MBR，并将控制权交给 MBR 内的程序代码，然后由此程序代码执行继续后续的启动工作。MBR 磁盘所支持的硬盘最大容量为 2.2 TB（1TB = 1024GB）。

（2）GPT 磁盘使用的是一种新的磁盘分区表格式，其磁盘分区表存储在 GPT（GUID Partition Table）内，位于磁盘的前端，而且它有主分区表与备份分区表，可提供容错功能。使用新式 UEFIBIOS 的计算机，其 BIOS 会先读取 GPT，并将控制权交给 GPT 内的程序代码，然后由此程序代码继续完成后续的启动工作。GPT 磁盘所支持的硬盘容量可以超过 2.2TB。

在磁盘系统管理中，通过磁盘配额功能可以限制使用同一台计算机的多个用户所使用的磁盘空间，避免出现个别用户无限制地占用磁盘空间而导致的资源浪费问题。可以为本地计算机中的磁盘分区设置磁盘配额，也可以为可移动驱动器或网络中共享的磁盘分区根目录设置磁盘配额。启用磁盘配额功能至少需要具备以下两个条件。

（1）磁盘分区格式必须为 NTFS 文件系统，FAT16 和 FAT32 文件系统不支持磁盘配额功能。

（2）用于启用和设置磁盘配额的用户必须是 Administrators 组中的成员。

启用并设置磁盘配额以后，系统会自动监视每个用户的磁盘空间使用情况，各用户对于磁盘空间的使用是相对独立的，互不影响。

如果为磁盘分区 D 设置磁盘配额限制为最大 1GB，某个用户已在该分区中存储了 1GB 的文件，此时用户的数据占用磁盘空间已经达到了其所能使用的磁盘空间上限。该用户已经不能在当前磁盘分区中存储更多数据，只要该磁盘分区还有足够的空间，那么其他用户在该分区中仍然拥有最大 1GB 的磁盘可用空间，可以设置在即将达到磁盘空间上限时向用户发出警告，这样用户可以及时清理磁盘中存储的无用文件，从而避免在没有任何准备的情况下无法在磁盘中保存文件。磁盘配额的特性有以下 4 种。

（1）磁盘配额是针对单一用户来控制与跟踪的。

（2）磁盘配额是以文件与文件夹的所有权来计算的。在一个磁盘内，只要文件或文件夹的所有权属于用户，则其所占用的磁盘空间都会被计算到该用户的配额内。

（3）磁盘配额的计算不考虑文件压缩的因素。虽然磁盘内的文件与文件夹可以被压缩，但磁盘配额在计算用户的磁盘空间总使用量时是以文件的原始大小来计算的。

（4）每一个磁盘的磁盘配额是独立计算的，不论这些磁盘是否在同一块硬盘内。系统管理员并不会受到磁盘配额的限制。

2.3.2　MBR 磁盘与 GPT 磁盘设置

在计算机内安装新磁盘必须经过初始化才能使用，这里使用 VMWare 操作添加了一块硬盘，重新开机进入磁盘管理，如图 2-9 所示。开机后，选择"开始"→"Windows 管理工具"→"计算机管理"→"磁盘管理",可以查看磁盘格式及转换,如图 2-10 所示。单击"确定"按钮后,右击磁盘可以转换到动态磁盘 /GPT,如图 2-11 所示。

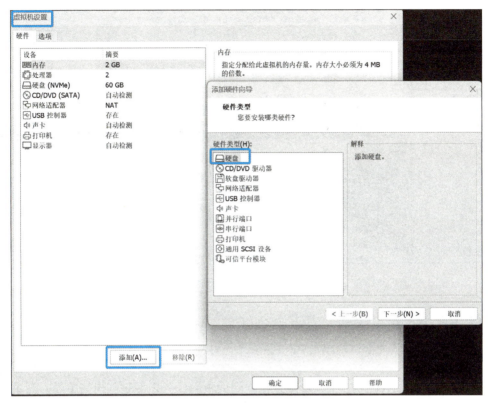

图 2-9　添加硬盘

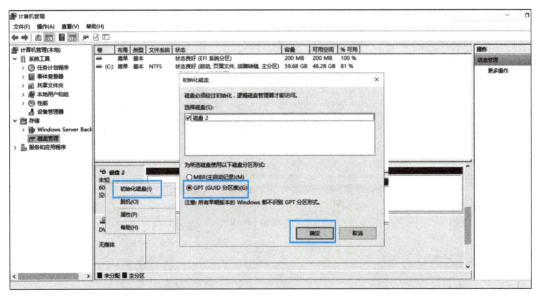

图 2-10　磁盘管理

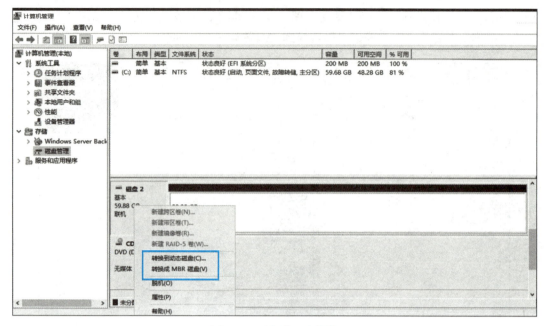

图 2-11　磁盘分区表转换

2.3.3　基本磁盘管理

1. 创建简单卷

在 Windows Server 2016 中，管理磁盘空间的核心任务之一是创建简单卷。简单卷作为动态磁盘的一种基本卷类型，虽无故障转移能力，但在数据存储和操作方面却表现卓越。为了确保数据的安全，强烈建议用户在创建简单卷之前备份重要数据，也需要考虑使用镜像卷或 RAID-5 卷等更高级别的数据保护和可靠性选项。同时，用户应根据实际的数据存储需求来创建简单卷，并根据实际需求选择合适的卷类型，以确保数据的完整性和可用性。以新建简单卷 E 为例，具体操作步骤如下。

第一步，在"服务器管理器"窗口中选择"工具"下的"计算机管理"。

第二步，在"计算机管理"窗口中展开"存储"节点，选择"磁盘管理"选项。

第三步，新建硬盘会在右侧的窗口中出现"未分配"区域。右击该区域，选择"新建简单卷"命令，如图 2-12 所示。

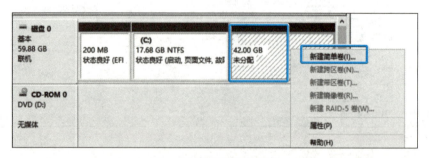

图 2-12　磁盘新建简单卷

第四步，在弹出的"新建简单卷向导"窗口中单击"下一步"按钮，在弹出的"指定卷大小"文本框中指定磁盘分区的大小，比如输入 3144，即可创建 3144MB 大小的驱动器，如图 2-13 所示。

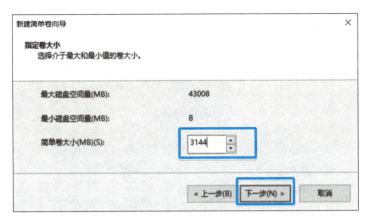

图 2-13　指定卷大小

第五步，单击"下一步"按钮可以弹出"分配驱动器号和路径"窗口。在此除了可以指定一个驱动器号外，也可以将该驱动器挂在一个支持路径的空文件夹中，使用这个文件夹时会对应到该驱动器。

第六步，单击"下一步"按钮，弹出"格式化分区"窗口。格式化分区文件系统可以选择 FAT、FAT32、NTFS 和 ReFS。

最后，单击"下一步"按钮，弹出"正在完成新建简单卷向导"窗口，单击"完成"按钮开始创建简单卷。

按照相同的方式创建两个分区，并对磁盘分区状态进行仔细观察。在已有三个主分区的情况下，当创建第 4 个简单卷时，系统将自动将其设置为扩展磁盘分区，并为其分配一个逻辑驱动器号。在扩展分区的可用空间内，可以建立多个逻辑驱动器以满足不同的存储需求。

2. 扩展简单卷

在 Windows Server 2016 中，对简单卷进行扩展是一个相对直接的过程。简单卷是磁盘管理中的一种基本卷类型，它不包含任何分区或逻辑驱动器。当需要增加简单卷的存储容量时，可以通过扩展卷向导来完成。在 Windows Server 2016 中可以通过扩展简单卷的存储容量，以满足不断增长的数据需求。以扩展驱动器 E 为例，具体操作步骤如下。

第一步，右击驱动器 E，选择"扩展卷"命令，弹出"扩展卷向导"窗口。

第二步，单击"下一步"按钮，弹出"选择磁盘"窗口，显示磁盘卷大小，最大可用空间，管理员为驱动器 E 扩展 6143MB 空间，所以在"选择空间量"文本框中输入 6143，如图 2-14 所示。

第三步，单击"下一步"按钮，弹出"完成扩展卷向导"窗口。单击"完成"按钮，E 盘空间扩展了 6143MB。

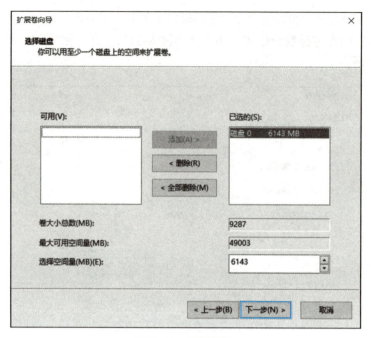

图 2-14　选择磁盘

3. 压缩简单卷

在 Windows Server 2016 系统中，对简单卷进行压缩是一个直接且有效的过程，旨在释放存储空间并优化磁盘性能。完成压缩后，就能看到释放的空间量，并可以在需要时将其重新分配给其他卷或用于其他目的。在执行任何磁盘或存储操作之前，建议备份重要数据以防止数据丢失。此外，定期监控和管理存储有助于确保系统的性能和可靠性。以驱动器 H 为例，具体操作步骤如下。

第一步，右击 H 盘，选择"压缩卷"命令，弹出"压缩"窗口。

第二步，通过弹出的窗口可以看到压缩前磁盘大小为 3144MB，输入压缩空间量 2070MB，单击"压缩"按钮即可完成压缩，如图 2-15 所示。

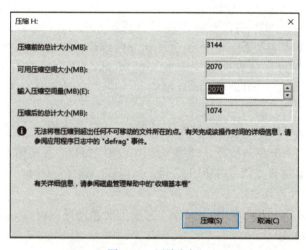

图 2-15　压缩空间

4. 删除简单卷

在 Windows Server 2016 系统中，删除简单卷是一项需要谨慎处理的任务，涉及若干核心步骤。

第一步，启动"磁盘管理"。可以通过在"开始"菜单中搜索"磁盘管理"。

第二步，辨识目标简单卷。在"磁盘管理"窗口中，可以看到系统上所有磁盘和卷的清单，仔细查找并准确辨识需要删除的简单卷。

第三步，数据备份。在删除任何卷之前，一定要先备份该卷上的所有数据。删除磁盘分区是一件要谨慎对待的事情，因为会使保存的数据会全部丢失，因此需要再三考虑后才能予以删除。含有 Windows Server 2016 系统文件的磁盘分区是无法删除的，必须使用 Windows Server 2016 Setup 程序才能重新分配。

第四步，执行删除操作。在确保数据已安全备份后，请右击要删除的目标简单卷，并选择"删除卷"命令。系统会要求确认此操作，因为删除卷是不可逆的。

第五步，确认删除。在确认删除卷后，系统将启动删除流程。根据卷的大小和系统性能，此过程可能需要一定时间，如图 2-16 所示。

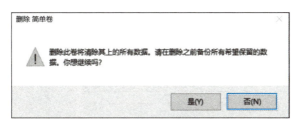

图 2-16　确认删除卷

第六步，处理未分配空间。删除卷后，在磁盘上会获得一段未分配的空间，可以选择将此空间添加到相邻的现有卷，或创建一个新卷来利用这段空间。

执行上述步骤需要管理员权限。此外，鉴于删除卷是一项敏感操作，因此在执行前请确保已充分理解这些步骤，并已妥善备份所有重要数据。

2.3.4　磁盘配额配置

磁盘配额是一种在文件系统中限制用户或用户组可以使用的磁盘空间的技术。在 Windows Server 2016 中，管理员可以利用磁盘配额功能来有效管理磁盘空间，从而避免由于个别用户或用户组的不当使用导致磁盘空间耗尽的风险。

通过实施磁盘配额，管理员可以为每个用户或用户组设定特定的磁盘空间使用上限。当用户或用户组达到设定的配额限制时，系统会根据管理员的设定采取相应的操作，如发出警告、限制写入或完全禁止访问等，从而提高系统的可靠性和稳定性。具体操作步骤如下。

第一步，在"服务器管理器"窗口中，单击"工具"标签打开"文件服务器资源管理器"窗口。

第二步，单击"配额管理"，然后右击"配额"，选择"创建配额"来创建配额，如图 2-17 所示。

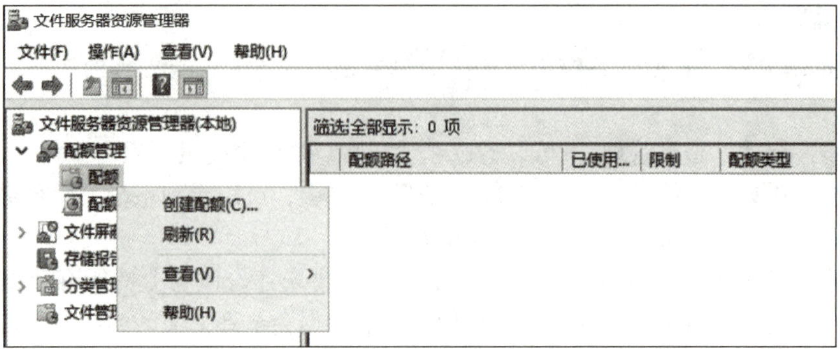

图 2-17 创建配额

第三步，在"创建配额"窗口中单击"浏览"按钮，设置要创建配额的文件夹或磁盘（这里在 C 盘新建 Ceshi 文件夹），将空间设置为 20MB，在阈值中也可添加警告内容，一般是以邮件发送警告，因此需安装邮件服务，如图 2-18 所示。

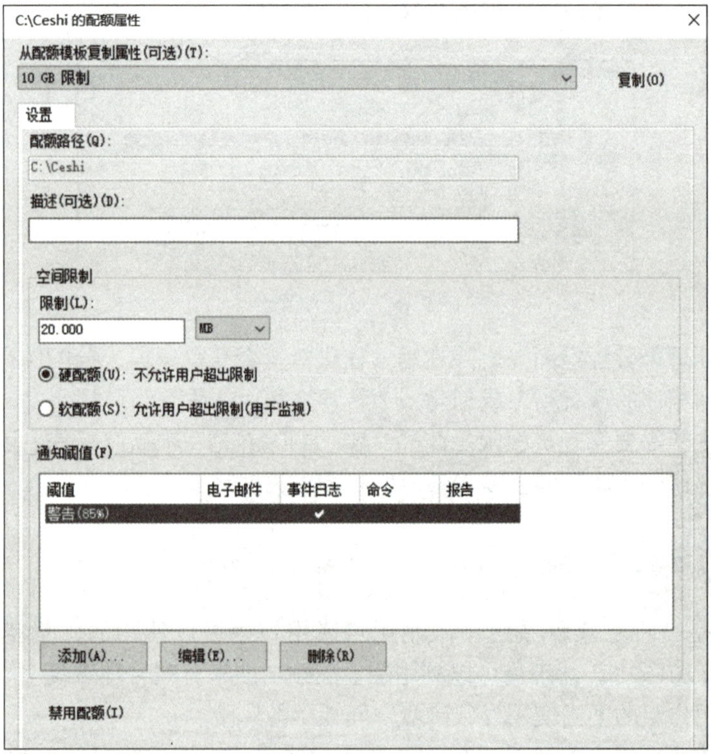

图 2-18 配额属性

第四步，通过单击"添加"按钮，弹出"将自定义属性另存为模板"窗口，可以选择"将自定义属性另存为模板"选项，也可以选择"保存自定义配额，但不创建模板"选项。选择好后单击"确定"按钮，如图 2-19 所示。

第五步，验证磁盘配额。如果在 C 盘上复制一个文件夹（大于 20MB）到 Ceshi 目录下，超出配额限制，则会出现如图 2-20 所示的警告对话框。如果删除磁盘配额限制，再次复制，则不会出现提示。

第 2 章　Windows 文件系统安全

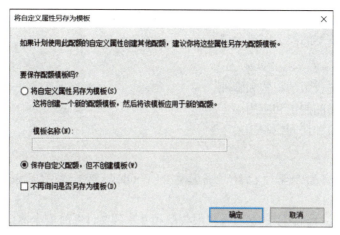

图 2-19　保存自定义配额

图 2-20　验证磁盘配额

2.4　Windows 文件系统安全实验

1. 实验目的

（1）理解 Windows 文件系统的安全机制。
（2）学习如何配置和管理文件系统权限。
（3）识别和防御潜在的文件系统安全威胁。

2. 实验背景

2019 年，一家中型企业发现，随着数据量的增加和对数据安全性的要求提高，公司

39

需要对文件服务器上的文件系统进行更精细的权限控制。因此，企业决定优化文件系统安全，以确保敏感数据的安全以便合规。

3. 实验内容

（1）文件系统权限的配置和管理。

（2）安全策略的制定和应用。

（3）数据加密和访问控制。

4. 实验要求

（1）确保所有参与学生已经具备基本的 Windows 操作系统知识，能够熟练使用 Windows Server 2016。

（2）阅读相关材料，了解 NTFS 权限模型和基本的文件系统安全概念。

（3）准备好实验环境，包括安装了 Windows Server 2016 的计算机或虚拟机，以及必要的管理员权限。

5. 实验环境

实验使用系统为 Windows Server 2016。

6. 实验步骤

步骤 1：创建实验用户账户和组

（1）打开"计算机管理"窗口，进入"本地用户和组"，单击"用户"节点，创建几个新用户账户，如图 2-21 所示。

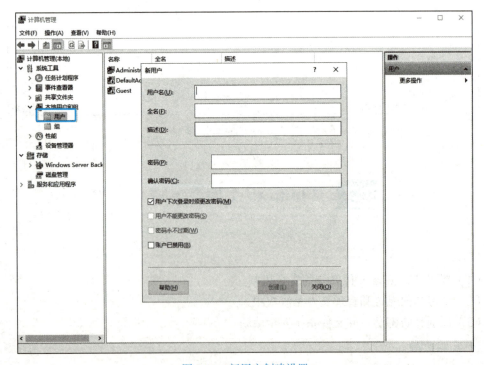

图 2-21 新用户创建设置

(2)创建一个或多个测试组,将用户账户添加到相应的组中,如图 2-22 所示。

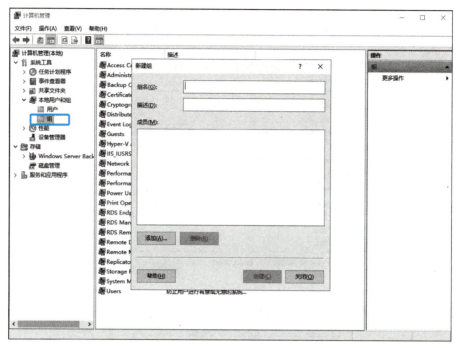

图 2-22　新建组设置

步骤 2:设置文件和文件夹权限

(1)单击左下角的"开始"按钮,选择"文件资源管理器"并将其打开,导航到需要设置权限的文件或文件夹,如图 2-23 所示。

图 2-23　在"文件资源管理器"中打开文件夹

(2)右击文件或文件夹,选择"属性",打开属性窗口,切换到"安全"选项卡,单击"编辑"按钮以更改文件或文件夹的权限,如图 2-24 所示。

(3)为所选用户或组分配所需的权限,如完全控制、修改、读取、写入等。如果需要阻止某个用户或组访问文件或文件夹,可以拒绝相应的权限,如图 2-25 所示。

图 2-24 文件与文件夹权限设置

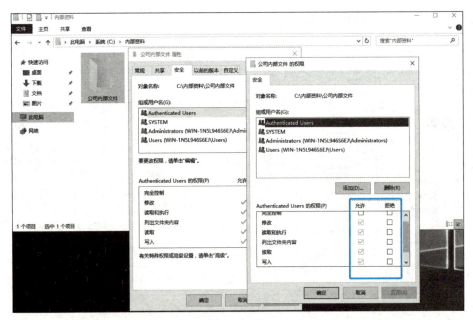

图 2-25 权限修改设置

（4）应用更改，确保所有更改都已正确设置后，单击"确定"或"应用"按钮来保存权限设置。测试文件及文件夹权限策略，使用不同用户的账户尝试访问该文件或文件夹，验证权限设置是否已生效。

步骤 3：应用和测试安全策略

打开"本地安全策略",找到需要的策略模板并导入应用。在"本地安全策略"中,选择"本地策略"→"审核策略",启用相应的审核策略,如图 2-26 所示。

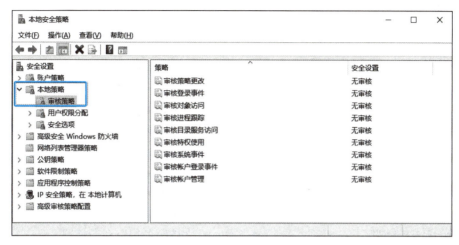

图 2-26 审核策略设置

步骤 4：实施数据加密措施

在文件资源管理器中,右击要加密的文件夹,选择"属性"。单击"高级"按钮,在弹出的窗口中勾选"加密内容以便保护数据"复选框,如图 2-27 所示。

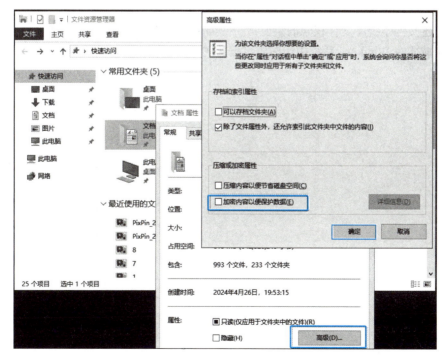

图 2-27 高级属性设置

7. 实验结果与验证

检查文件系统权限配置是否正确，验证安全策略的有效性，确认数据加密的效果，提出改进建议和解决方案。

◆ 课 后 习 题 ◆

一、选择题

1. 在 Windows 操作系统中，用于管理文件和文件夹的主要工具是（　　）。
   A. 控制面板   B. 资源管理器
   C. 注册表编辑器   D. 命令提示符
2. NTFS 和 FAT32 是（　　）的文件系统。
   A. 网络文件系统   B. 分布式文件系统
   C. 本地文件系统   D. 虚拟文件系统
3. 在 Windows Server 2016 中，（　　）可以用来管理和设置磁盘配额。
   A. 磁盘管理器   B. 文件服务器资源管理器
   C. 任务管理器   D. 性能监视器
4. 如果一个用户在 Windows 系统中超过磁盘配额限制，以下（　　）操作通常会被阻止。
   A. 读取文件   B. 删除文件
   C. 创建新文件   D. 修改文件内容

二、简答题

1. 简述文件系统中文件权限的重要性，并列举几种常见的文件权限类型。
2. 请描述在 Windows 系统中实施磁盘配额的主要步骤。

第 3 章

Windows 系统安全

本章导读

Windows 系统管理员应依据业务需要对 Windows 系统安全进行配置与管理。首先，系统管理员应精通 Windows 日志分类以及筛选方法，并能够根据日志信息筛选出安全隐患，及时防护以确保系统数据安全。其次，注册表在 Windows 系统中是很重要的，特别是 reg 命令的应用，应该根据业务需求进行注册表的管理。最后，Windows 防火墙是 Windows 操作系统的重要防护工具，Windows 系统管理员应该妥善掌握防火墙功能，修改入站和出站规则，以达到防护目的。

学习目标

知识目标	<ul><li>了解 Windows 日志的分类和作用，并能够说出日志事件状态分类；</li><li>掌握日志安全设置和筛选方法；</li><li>熟悉注册表作用，并能够说出注册表的结构以及根键分类；</li><li>熟悉防火墙的作用，能够说出高级安全防火墙工作过程。</li></ul>
技能目标	<ul><li>掌握对 Windows 日志的安全设置和筛选方法；</li><li>掌握注册表管理方法，能够对注册表进行导入、导出以及备份操作；</li><li>掌握防火墙的入站与出站规则的设置方法。</li></ul>

3.1 Windows 日志

Windows 日志简介

3.1.1 Windows 日志简介

Windows 系统日志是记录系统中硬件、软件和系统问题的信息，同时还可以监视系统中发生的事件。在处理应急事件时，客户需要为其提供溯源，这些日志信息在取证和溯源中都扮演着重要角色，用户可以通过日志来检查错误发生的原因，或者寻找受到攻击时攻击者留下的痕迹。Windows Server 2016 系统主要提供了三类日志来记录系统事件。

（1）系统日志。记录由 Windows 系统组件生成的事件，这些事件通常由系统文件或设备驱动程序生成，包含了启动、关机、服务启动和硬件故障等信息。默认位置为 %SystemRoot%、System32、Winevt、Logs、System.evtx。

（2）应用程序日志。记录应用程序或系统程序生成的事件。例如，数据库应用程序可以在应用程序日志中记录文件错误，程序开发人员可以自行决定监视哪些事件。如果某个应用程序崩溃，那么可以从应用程序日志中找到相应的记录。默认位置为 %SystemRoot%、System32、Winevt、Logs、Application.evtx。

（3）安全日志。记录与系统安全相关的事件，包含各种类型的登录日志、对象访问日志、进程追踪日志、特权使用、账号管理、策略变更、系统事件。安全日志也是调查取证中常用的日志。默认设置下，安全日志是关闭的，管理员可以使用组策略启动安全日志，或者在注册表中设置审核策略，以便当安全日志满后使系统停止响应。默认位置为 %SystemRoot%、System32、Winevt、Logs、Security.evtx。

Windows 日志将记录事件的 5 种状态。

（1）信息（Information），表明应用程序、驱动程序或服务成功操作。

（2）警告（Warning），表明事件可能会导致问题，一般是潜在或需注意的情况，通常不会立即导致系统故障。例如，当磁盘空间不足或未找到相应程序时，都会记录一个警告事件。

（3）错误（Error），错误事件指用户应该知道的重要问题，通常指功能和数据的丢失。例如，一个服务不能作为系统引导被加载，那么它会产生一个错误事件。

（4）成功审核（Success Audit），与失败审核同是安全日志中的特别事件状态，表明成功审核安全访问尝试，如用户成功登录/注销、对象成功访问、特权成功使用、账户成功管理、策略成功更改等。例如，所有成功登录系统的事件都会被记录为成功审核事件。

（5）失败审核（Failure Audit），失败审核事件会记录失败的操作。例如，用户试图访问网络驱动器失败，则该尝试会被记录为失败审核事件。

Windows 日志中记录的信息中，主要包含事件的级别、记录时间、来源、事件 ID、关键字、用户、计算机、操作代码及任务类别等，如图 3-1 所示。

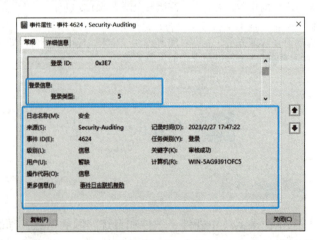

图 3-1　事件日志信息

事件 ID 作为 Windows 日志分析的要素之一，每一个独特的标识都承载了特定的含义。在繁杂的事件中，事件 ID 发挥着举足轻重的筛选作用，日志筛选过程均以其为基准。常见事件 ID 如表 3-1 所示。

表 3-1　常见事件 ID

事件 ID	事件类型	描述
4608，4609，4610，4611，4612，4614，4615，4616	系统事件	本地系统进程，如系统启动、关闭和系统时间的改变
4612	清除的审核日志	所有的审核日志清除事件
4624	用户成功登录	所有的用户登录事件
4625	登录失败	所有的用户登录失败事件
4634	用户成功退出	所有的用户退出事件
4656，4658，4659，4660，4661，4662，4663，4664	对象访问	当访问一给定的对象（文件、目录等）访问的类型（例如读、写、删除），访问是否成功或失败，谁实施了这一行为
4719	审核策略改变	审核策略的改变
4720，4722，4723，4724，4725，4726，4738，4740	用户账户改变	用户账户的改变，如账户创建、删除、修改密码等
4727~4737，4739~4762	用户组改变	对一个用户组所做的所有改变，例如添加或移除一个全局组或本地组，从全局组或本地组添加或移除成员等
4768，4776	验证用户账户成功	当一个域用户账户在域控制器成功认证时，生成用户账户成功验证事件
4771，4777	验证用户账户失败	当一个域用户账户在域控制器尝试认证但失败时，生成用户账户验证失败事件
4778，4779	主机会话状态	会话重新连接或断开

表 3-1 中事件 ID 是 4624 对应的事件就是用户成功登录，属于所有用户登录事件。登录事件还包括登录的类型，根据登录类型可以判断黑客登录计算机的具体方式，部分登录事件类型如表 3-2 所示。

表 3-2　部分登录事件类型

登录类型	类型名称	描述
2	Interactive	交互式登录（用户从控制台登录）
3	Network	用户或计算机从网络登录到本机。例如，使用 net use 访问网络共享，使用 net view 查看网络共享等
4	Batch	批处理登录类型，无需用户的干预
5	Service	服务控制管理器登录
7	Unlock	用户解锁主机
8	NetworkCleartext	用户从网络登录到此计算机，用户密码用非哈希的形式传递
10	RemoteInteractive	远程交互，使用终端服务或远程桌面连接登录

3.1.2 Windows 日志管理

在 Windows Server 2016 系统中，审核策略默认处于未启用状态。然而，出于系统安全性和故障排查的考虑，强烈建议启用审核策略。通过启用审核策略，可以在系统出现故障或安全事故时，利用系统日志文件进行详细分析，迅速排除故障并追查入侵者的相关信息。这样不仅能够增强系统的安全性，还能提高故障处理的效率。

1. 开启审核策略

可以通过以下操作步骤开启审核策略。

第一步，在服务器管理器的仪表板中选择"工具"选项卡，在下拉列表中选择"本地安全策略"管理工具。打开"本地安全策略"窗口后，在左侧选择"安全设置"下的"本地策略"，接着单击"审核策略"，在右侧选择具体策略双击进行设置。

第二步，打开"审核策略更改属性"窗口，在审核这些操作中选择"成功""失败"或者两者都选，然后单击"应用"和"确定"按钮。打开"事件查看器"窗口，选择"Windows 日志"，右击"应用程序"，选择"属性"，设置合理的日志属性，即日志最大大小、事件覆盖阈值等，如图 3-2 所示。

图 3-2　设置日志大小

系统内置的三个核心日志文件（System.evtx、Security.evtx 和 Application.evtx）默认大小均为 20480KB（20MB）。当记录的事件数据超过 20MB 时，默认系统将优先覆盖过期的日志记录。其他应用程序及服务日志默认最大为 1024KB，超过最大限制时也会优先覆盖过期的日志记录。

2. 查看系统日志

通过"事件查看器"窗口可打开一个列表，该列表记录了 Windows 的所有日志条目，每个条目包括关键字、日期和时间、来源、事件 ID、任务类别。

筛选登录失败事件。在事件查看器窗口中单击"安全"选择"筛选当前日志"，或者右击"安全"选择"筛选当前日志"，如图 3-3 所示。

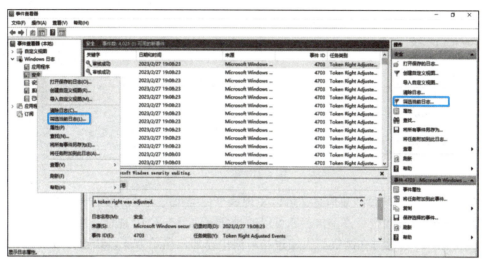

图 3-3 筛选当前日志

在打开"筛选当前日志"窗口后，在输入事件 ID 文本框中输入 4625，单击"确定"按钮，筛选出登录失败事件，如图 3-4 所示。

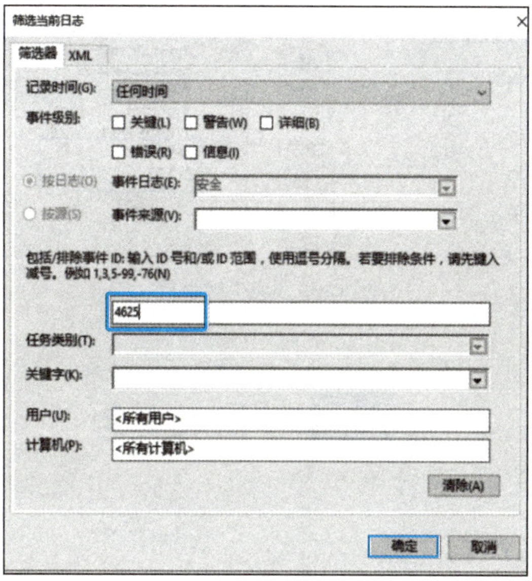

图 3-4 输入事件 ID

从筛选结果中可以发现，在 18:28 连续两次存在登录失败的情况，该事件有可能是入侵者在渗透 Windows 系统账户密码，需对该事件进行详细查看，如图 3-5 所示。

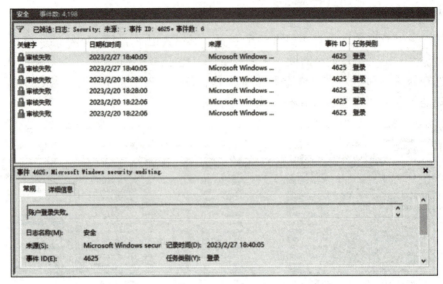

图 3-5　筛选结果

双击该事件，查看详细信息，可以发现该事件类型号为 5，属于服务控制管理器登录，说明是用户直接登录该主机。还可以通过详细信息查看 IP 地址，主机名等信息，如图 3-6 所示。可以通过在高级防火墙进站策略中添加白名单方式，禁止异常信息中的 IP 地址连接主机。

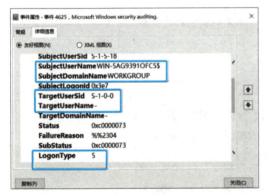 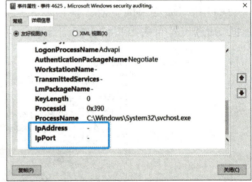

图 3-6　登录失败事件

3.2　注册表安全

注册表安全

3.2.1　注册表简介

Windows 操作系统中注册表是一个经过细致规划与良好组织的数据库，包括操作系统、硬件、应用程序以及用户有关的各类配置信息。注册表中的内容随时都在与系统、硬件、应用程序以及用户进行着交互。当以下几种情况发生时，系统会自动访问注册表内容。

（1）在系统引导过程中，引导加载器读取配置数据和引导设备驱动程序的列表，以便在初始化内核以前将它们加载到内存中。由于配置数据存储在注册表的配置单元中，因此在系统引导过程中需要通过访问注册表来读取配置数据。

（2）在内核引导过程中，内核会从注册表中读取以下信息：需要加载哪些设备驱动程序、各个系统部件如何进行配置，以及如何调整系统的行为。

（3）在用户登录过程中，系统会从注册表中读取每个用户的账户配置信息，包括桌面背景和主题、屏幕保护程序、菜单行为和图标位置、随系统自启动的程序列表、用户最近访问过的程序和文件，以及网络驱动器映射等。

（4）在应用程序启动过程中，应用程序会从注册表中读取系统全局设置，还会读取针对每个用户的个人配置信息，以及最近打开过的程序文件列表。

除了以上列出的注册表被系统或程序自动访问的几种情况外，系统和程序还可能在任何时间访问注册表。例如，有些应用程序可能会持续监视并获取注册表中有关程序配置信息的更新，以便随时将程序的最新配置信息作用于该程序。

除了从注册表中获取系统、程序或用户的配置信息外，注册表中的内容也会在特定情况下自动被系统修改，包括但不限于以下三种情况。

（1）在安装设备驱动程序时，系统会在注册表中创建与硬件配置有关的数据。当系统将资源分配给不同设备以后，系统可以通过访问注册表中的相关内容来确定在系统中安装了哪些设备以及这些设备的资源分配情况。

（2）安装与设置应用程序时，系统会将应用程序的安装信息以及程序本身的选项设置保存到注册表中。

（3）在使用控制面板中的选项更改系统设置时，系统会将相应的配置参数保存到注册表中。

无论用户是否主动编辑注册表，Windows 系统中的许多操作与注册表关系密切。如有必要，用户可以随时编辑注册表。

Windows 系统提供了多种用于编辑注册表的工具，可分为图形界面和命令行两种类型。图形界面的注册表编辑工具主要包括控制面板、组策略以及注册表编辑器。命令行工具指的是命令提示符窗口。

用户在控制面板中对系统进行的各种设置，实际上是在修改注册表中的特定内容。使用控制面板设置系统选项，既可以简化用户的设置过程，也可以避免由用户对注册表直接进行编辑而可能导致的错误，但通过这种方式访问的注册表内容非常有限。

另一个可以编辑注册表内容的图形化工具是组策略，组策略没有控制面板直观，但能访问数量更多的系统选项，而且还可以针对特定计算机或用户进行设置。总体而言，组策略可以对系统实施更强大且灵活的控制。

Windows 注册表基本架构是带有多个配置层面的分层结构。这些层面是通过根键、子键、键值和数据组成。

在 Windows 注册表中，根键位于结构的顶层，根键下包含多个子键。子键可以分为多个不同的层级，这意味着子键下还可以包含子键。每个子键可以包含一个或多个键值，也可以没有键值。键值作为子键的参数，为其提供实际的功能。为了发挥键值的作用，每个键值必须包含由系统或用户指定的数据。数据分为多种不同的类型，从而可以根据需要存储不同类型的内容，如图 3-7 所示。

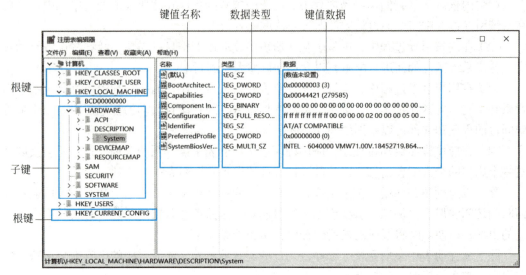

图 3-7　注册表结构

Windows 注册表包含 5 个根键，位于注册表的最顶层，这 5 个根键的名称和功能如表 3-3 所示。用户不能添加新的根键，也不能删除这 5 个根键或修改它们的名称。

表 3-3　根键名称及功能

根 键 名 称	功　　能
HKEY_CLASSES_ROOT	存储文件关联和组件对象模型的相关信息，如文件扩展名与应用程序之间的关联
HKEY_CURRENT_USER	存储当前登录系统的用户账户的相关信息
HKEY_LOCAL_MACHINE	存储 Windows 系统的相关信息，如系统中安装的硬件、应用程序以及系统配置等内容
HKEY_USERS	存储系统中所有用户账户的相关信息
HKEY_CURRENT_CONFIG	存储当前硬件配置的相关信息

子键位于根键下方，每个根键可以包含一个或多个子键，子键中也可以包含子键，这种组织方式类似于文件夹和子文件夹的嵌套关系。很多子键是 Windows 系统自动创建的，用户也可以根据需要手动创建新的子键。

注册表中的每个根键或子键都可以包含键值。当在注册表编辑器中选择一个根键或子键后，会在右侧窗口显示一个或多个项目，这些项目就是所选根键或子键包含的键值。无论是系统还是用户创建的子键，都会包含一个名为"（默认）"的键值。键值由名称、类型和数据三部分组成，总是按"名称""类型""数据"这种固定顺序显示。键值数据是指键值中包含的数据，键值数据分为多种不同的数据类型，比如字符串（REG_SZ）、二进制（REG_BINARY）、Dword 值（REG_QWORD）。

无论在注册表编辑器中选择根键还是子键，都会在注册表编辑器底部的状态栏中显示当前选中的根键或子键的完整路径，其格式类似于文件资源管理器中文件夹的完整路径的表示方法，如图 3-8 所示。

图 3-8　根键 / 子键完整路径

3.2.2 注册表管理

1. 使用图形界面工具管理注册表

在计算机中，注册表是一个重要的数据仓库，用于存储 Windows 操作系统的配置信息、硬件设置、用户偏好以及其他重要数据。由于其关键性和复杂性，注册表的管理显得尤为关键。使用图形界面工具来管理注册表不仅方便、直观，而且实用，普通用户也能轻松地对注册表进行管理和维护，从而提高系统的稳定性和性能。当然，在使用过程中仍需保持谨慎和警惕，确保操作的正确性和安全性。

1）启动注册表编辑器

注册表编辑器提供了专门用于查看、编辑与管理注册表的工具，可以使用以下两种方法启动注册表编辑器。

第一种方法是通过按下 Win+R 组合键打开"运行"对话框，输入 regedit 命令然后按 Enter 键。第二种方法是通过在服务器管理器的仪表板中选择"工具"下拉框，在下拉框中选择"系统配置"，打开"系统配置"窗口后，选择"工具"选项卡，单击"注册表编辑器"，然后单击"启动"按钮即可。

2）备份注册表

启动注册表编辑器后，如果需要对注册表进行备份，可以在注册表编辑器中单击"文件"，然后选择"导出"命令，如图 3-9 所示。在打开的"导出注册表文件"窗口中，选择注册表的保存位置并设置好保存的文件名，然后单击"保存"按钮即可。

为了保证导出的注册表的安全以及方便以后恢复，需要把注册表放在一个安全的目录下，并以保存时的日期对注册表进行编号保存。

使用上面的方法可以导出整个注册表文件，但保存过程耗时较长，文件占用空间也较大。如果只想单独保存注册表的某个分支，可以右击该分支，单击"导出"按钮。

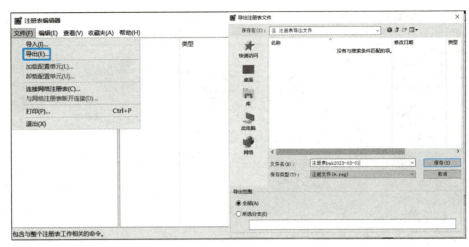

图 3-9 将注册表全部导出

3）还原注册表

在打开的注册表编辑器窗口中，选择"文件"菜单中的"导入"命令，选择以前备份过，本次要还原的注册表文件，单击"打开"按钮即可，如图 3-10 所示。

⚠ 注意：注册表还原后一般需要重新启动计算机，注册表的配置信息才能生效。

图 3-10 图形界面导入注册表

2. 使用命令行工具管理注册表

除了可以通过图形界面工具管理注册表外，利用 reg 命令同样可以实现对注册表的增加、删除以及修改等操作。reg 命令也被称为控制台注册表编辑器，其默认文件路径位于 C:\Windows\System32\reg.exe。

1）创建注册表

在 DOS 界面输入 reg add 命令创建注册表，具体操作如下：

```
reg add hkcu\ceshireg /v test /t reg_sz /d "这是一个测试注册表键值！" /f
```

参数说明如下：
- /v 表示需要创建的值的名称；
- /t 表示值的类型；
- /d 表示这个值的数据；
- /f 表示强制不提示。

在 reg 中将注册表进行了简写，简写方法如下：
- HKEY_CURRENT_USER 简写成 hkcu；
- HKEY_CLASSES_ROOT 简写成 hkcr；
- HKEY_LOCAL_MACHINE 简写成 hklm；
- HKEY_USERS 简写成 hku；
- HKEY_CURRENT_CONFIG 简写成 hkcc。

2）删除注册表

删除 HKEY_CURRENT_USER 下的 ceshireg 键的 test 值，具体操作如下：

```
C:\Users\40531>reg delete hkcu\ceshireg /v test /f
```

删除 HKEY_CURRENT_USER 下的 ceshireg 键，具体操作如下：

```
C:\Users\40531>reg delete hkcu\ceshireg /f
```

3）查询主机远程桌面是否开启，以及获取远程桌面开发的端口

查询主机远程桌面开启情况，0x1 表示关闭，0x0 表示开启，具体操作如下：

```
C:\Users\40531>reg query "hklm\system\currentcontrolset\control\Terminal server" /v fdenytsconnections
```

获取远程桌面端口设定，十六进制数 0xd3d 转换成十进制数为 3389，具体操作如下：

```
C:\Users\40531>reg query "hklm\system\currentcontrolset\control\Terminal server\winstations\rdp-tcp" /v portnumber
```

4）修改注册表，开启主机远程桌面连接

使用命令 reg add 修改注册表，具体操作如下：

```
C:\Users\40531>reg add "hklm\system\currentcontrolset\control\Terminal server" /v fdenytsconnections /t reg_dword /d 0 /f
```

3.3 Windows 防火墙

Windows 防火墙

3.3.1 Windows 防火墙简介

防火墙（Firewall）是一项协助确保信息安全的设备，一般会依照特定的规则，允许或限制传输的数据通过。Windows Defender 防火墙是 Windows 操作系统自带的软件防火

墙。它有助于提高计算机的安全性。Windows Server 2016 系统可以将网络位置分为专用网络、公用网络与域网络，而且可以自动判断与设置计算机所在网络位置。可以在"网络和共享中心"中查看 Windows 防火墙设置，启用或关闭 Windows 防火墙，允许应用或功能通过 Windows 防火墙，以及进行高级设置。

高级安全 Windows 防火墙包括基于主机的防火墙组件，该组件是本地计算机的保护性边界，监视和限制经过计算机及其连接的网络或 Internet 间的信息。它可以限制从其他计算机发送到计算机上的信息，从而可以更好地控制计算机上的数据，并防范那些未经邀请而尝试连接到计算机的用户或程序（包括病毒和蠕虫）。

在 Windows Server 2016 中，高级安全 Windows 防火墙中的主机防火墙默认处于打开状态，会阻止未经请求的入站网络流量，并允许所有出站流量。如果某个服务或程序必须能够接收未经请求的入站网络流量，可以创建允许特定入站连接规则。若要控制出站网络流量，可以创建出站阻止规则，防止不需要的网络流量发送到网络。也可以将默认出站行为配置为阻止所有流量，然后创建出站允许规则，仅允许在规则中配置的流量出站。

高级安全 Windows 防火墙的工作过程是：首先，检查源地址和目的地址、源和目的端口以及数据包的协议号；然后，将它们与管理员所定义的规则进行比较，当规则与网络数据包匹配时，则执行规则中指定的操作（允许或阻止）。通过高级安全 Windows 防火墙，还可以根据网络数据包是否受 IPSec 身份验证或加密的保护允许或阻止这些网络数据包。

3.3.2 Windows 防火墙设置

1. 利用防火墙允许应用功能，允许远程桌面登录

打开"网络和共享中心"，防火墙默认是开启的，如果需要远程桌面连接虚拟机，则首先应该允许远程桌面通过防火墙。方法有两种，第一种是单击"允许应用或功能通过 Windows 防火墙"选项，在弹出的窗口中选中"Windows 远程管理"选项，单击"确定"按钮，如图 3-11 所示。

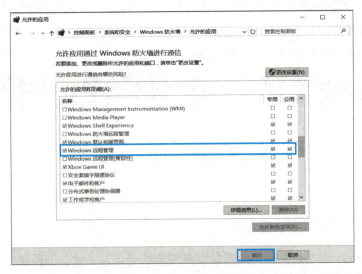

图 3-11　允许应用开启远程管理

第二种通过高级设置在"入站规则"下新建规则,如图 3-12 所示。在"新建入站规则向导"窗口的"规则类型"中选择"端口"选项,如图 3-13 所示。

图 3-12　高级设置入站规则

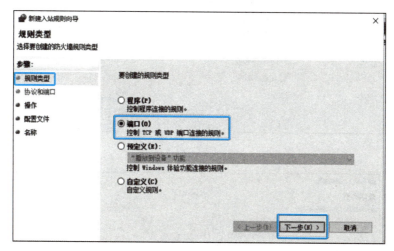

图 3-13　协议和端口

单击"下一步"按钮,在"协议和端口"窗口中选择"特定本地端口"选项,在其后的文本框中输入远程桌面端口 3389,如图 3-14 所示。

单击"下一步"按钮,在"操作"窗口中选择"允许连接"选项,如图 3-15 所示。

继续单击"下一步"按钮,自定义名称 Remote3389,完成配置。

2. 利用防火墙限制特定客户端远程登录主机

第一步,在"新建入站规则向导"窗口中选择"规则类型",在右侧界面选择"自定义"选项,然后单击"下一步"按钮,如图 3-16 所示。

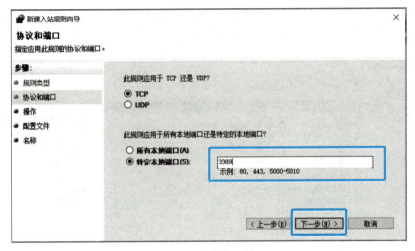

图 3-14 特定本地端口

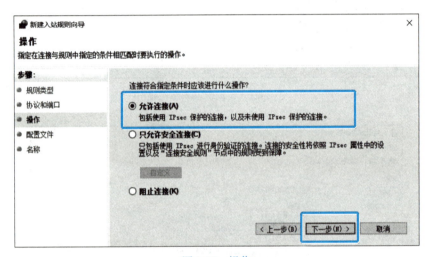

图 3-15 操作

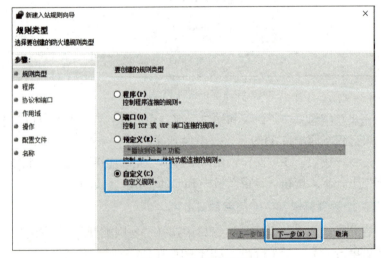

图 3-16 自定义规则

第二步，在"程序"页面中选择"所有程序"，单击"下一步"按钮。

第三步，在"协议和端口"页面中选择适用的协议类型，再输入本地端口和远程端口的具体信息，然后单击"下一步"按钮。

第四步，在"作用域"页面中的"远程 IP 地址"部分选择"这些 IP 地址"，然后单击"添加"按钮，输入所要限制的客户端的 IP 地址。

第五步，在"操作"页面中选择"阻止连接"，然后单击"下一步"按钮。

第六步，在"配置文件"页面中选择规则适用的配置文件，然后单击"下一步"按钮。

第七步，在"名称"页面中为新规则输入名称，然后单击"完成"按钮。

经过测试，结果如图 3-17 所示，则表示无法远程桌面，说明设置成功。

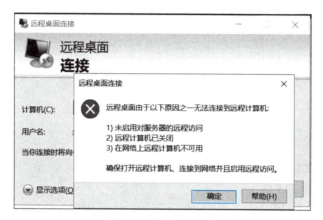

图 3-17 测试远程连接

3.4 Windows 系统安全实验

1. 实验目的

（1）掌握 Windows Server 2016 的基本安全设置和管理。
（2）理解 NTFS 权限和共享权限在文件系统安全性中的作用。
（3）学习如何通过安全策略和组策略来增强系统安全。
（4）实践数据加密技术，如 EFS 和 BitLocker，以保护敏感数据。

2. 实验背景

2022 年，某家知名互联网公司的员工小李收到了一封"钓鱼"邮件，该邮件中包含了一个恶意附件。小李在不知情的情况下单击了该附件，导致恶意软件被安装到计算机上。恶意软件开始在小李的计算机上收集敏感信息，如登录凭证、文档和其他重要数据。同时，它还尝试连接到公司内部其他计算机以扩大攻击范围。公司的 Windows 事件日志记录和监控系统发现了很多异常行为，如未授权的文件访问、异常网络连接等。然而，由于事件数量庞大，安全团队未能及时识别出全部异常行为。恶意软件最终将收集到的部分敏感信息发送到了攻击者的服务器上，导致了数据泄露。事后，为了确保网络安全和审核，该公司对 Windows 系统安全进行了优化。

3. 实验内容

（1）创建和管理用户账户及组。
（2）设置文件和文件夹的权限。
（3）应用安全策略并进行审核。
（4）使用 Windows 事件日志进行系统安全监控。

4. 实验要求

（1）在 Windows Server 2016 环境中完成所有操作。
（2）注意实验过程中的安全性，避免对现有系统造成影响。
（3）详细记录每一步的操作和结果，为后续分析提供依据。

5. 实验环境

实验使用系统为 Windows Server 2016。

6. 实验步骤

步骤 1： 创建实验用户账户和组

（1）打开"计算机管理"窗口，进入"本地用户和组"，单击"用户"节点，创建几个新用户账户，如图 3-18 所示。

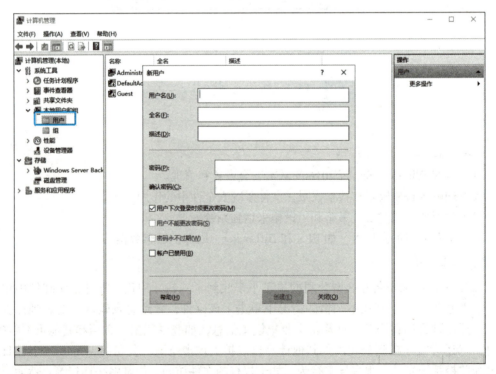

图 3-18 新用户创建设置

（2）创建一个或多个测试组，将用户账户添加到相应的组中，如图 3-19 所示。

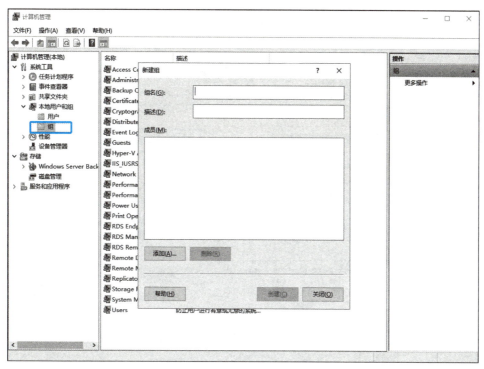

图 3-19　新建组创建设置

步骤 2：设置文件和文件夹权限

（1）打开"文件资源管理器"。单击左下角的"开始"按钮，选择"文件资源管理器"并打开它，定位到要控制的文件或文件夹，如图 3-20 所示。

图 3-20　在"资源管理器"中打开文件夹

（2）右击文件或文件夹，选择"属性"打开属性窗口，切换到"安全"选项卡，单击"编辑"按钮以更改文件或文件夹的权限，如图 3-21 所示。

图 3-21 文件与文件夹权限设置

（3）在弹出的权限窗口中分配或拒绝权限，为所选用户或组分配所需的权限，如读取、写入、修改、完全控制等。如果需要阻止某个用户或组访问文件或文件夹，可以选择"拒绝"相应的权限，如图 3-22 所示。

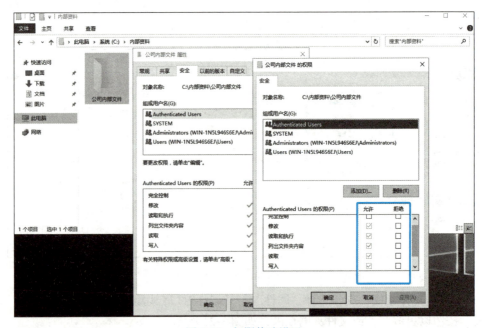

图 3-22 权限修改设置

第 3 章 Windows 系统安全

（4）在确保所有更改都已经正确设置后，单击"确定"或"应用"按钮来保存权限设置。使用不同用户的账户尝试访问该文件或文件夹，验证权限设置是否按预期工作。

步骤 3： 应用和测试安全策略

打开"本地安全策略"窗口，找到所需的策略模板并导入应用。选择"本地策略"→"审核策略"，启用相应的审核策略，如图 3-23 所示。

图 3-23　审核策略设置

步骤 4： Windows 事件日志监控

（1）单击左下角的"开始"按钮，单击"服务管理器"，然后单击右上角的"工具"栏找到"事件查看器"，如图 3-24 所示。

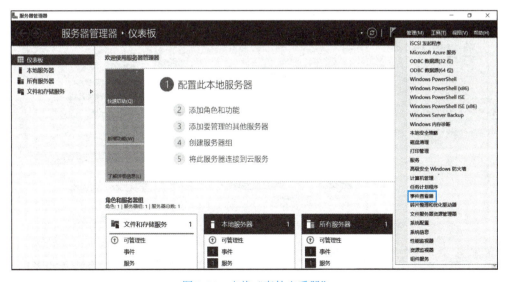

图 3-24　查找"事件查看器"

63

（2）在"事件查看器"窗口中，展开"Windows 日志"以查看不同类型的日志，如图 3-25 所示。

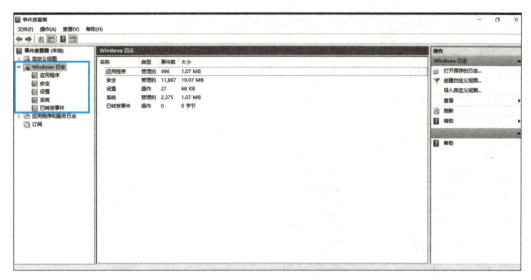

图 3-25　在"Windows 日志"中查看日志

（3）展开"安全"日志，查找可疑的事件，如登录失败、权限变更或对象访问等，如图 3-26 所示。

图 3-26　查找可疑的事件

（4）可以双击某个事件，查看其详细信息，关注事件来源、时间以及涉及的账户。对于任何异常或未知的事件，记录下相关的事件 ID 和描述，如图 3-27 所示。

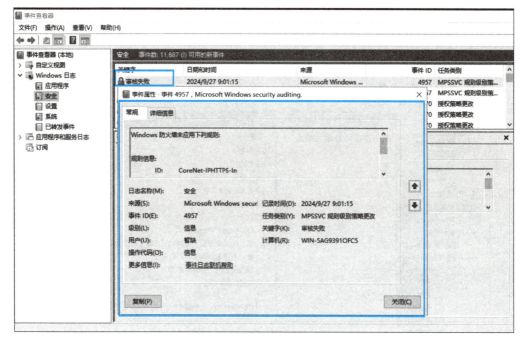

图 3-27 查看特定事件详细信息

（5）根据收集到的信息，尝试找到文件位置和注册表项。在"事件查看器"中使用"查找"功能，根据关键词或事件 ID 搜索更多相关信息，如图 3-28 所示。

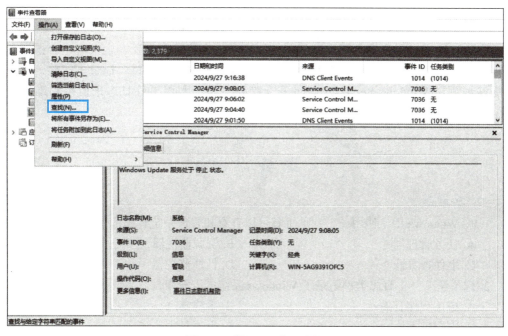

图 3-28 使用"查找"功能

（6）根据定位到的恶意软件信息，使用 Windows Defender 或其他安全工具进行扫描和清理。如果需要，创建排除列表，以避免误报。在"本地组策略编辑器"中，调整审核策略，开启更详细的日志记录。可以考虑使用集中日志管理方案，以便于存储和长期分析日志数据，如图 3-29 所示。

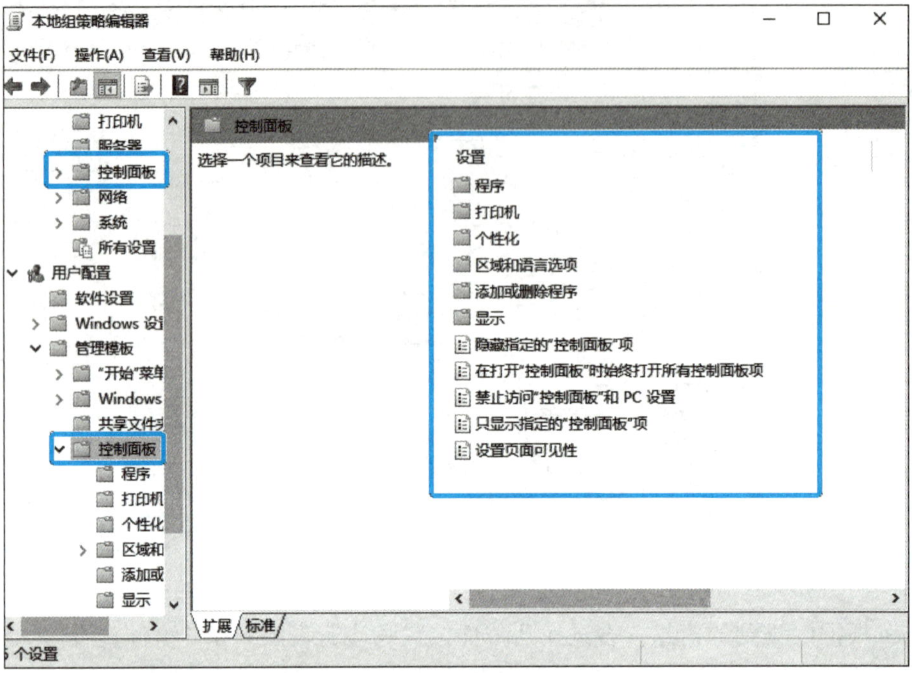

图 3-29　控制面板设置

7. 实验结果与验证

确认不同用户账户按预期受到权限控制。通过审核日志验证安全策略是否得到有效实施。分析事件日志，确认是否有异常活动或未授权的访问尝试。通过本实验，学生应能更好地理解 Windows Server 2016 的安全特性，学会利用事件日志来监控和维护系统安全。

◆ 课后习题 ◆

一、选择题

1. 在 Windows 中，使用（　　）工具可以查看和管理系统日志。
   A. 任务管理器　　　　　　　　　　B. 资源监视器
   C. 事件查看器　　　　　　　　　　D. 性能监视器
2. 以下（　　）日志类型记录了 Windows 系统的安全事件。
   A. 应用程序日志　　　　　　　　　B. 系统日志
   C. 安全日志　　　　　　　　　　　D. 设置日志
3. 在 Windows 中，使用（　　）操作可以备份注册表。
   A. regedit /s backup.reg　　　　　　B. regedit /e backup.reg
   C. regsvr32 /s backup.reg　　　　　 D. regsvr32 /e backup.reg

4. Windows 防火墙默认处于（　　）状态。

　　A. 开启并阻止所有入站连接

　　B. 关闭并允许所有入站连接

　　C. 开启并允许所有已知和受信任程序的入站连接

　　D. 关闭并阻止所有入站连接

5. 在 Windows 防火墙设置中，入站规则和出站规则分别指的是（　　）。

　　A. 入站规则控制外部网络对本地计算机的访问，出站规则控制本地计算机对外部网络的访问

　　B. 入站规则控制本地计算机对外部网络的访问，出站规则控制外部网络对本地计算机的访问

　　C. 入站规则和出站规则都控制外部网络对本地计算机的访问

　　D. 入站规则和出站规则都控制本地计算机对外部网络的访问

二、简答题

1. 描述如何使用事件查看器查找特定类型的事件（如错误或警告）。
2. 解释注册表对系统性能和安全性的潜在影响。
3. 如何配置 Windows 防火墙以允许特定应用程序通过防火墙进行通信？

第 4 章

Windows 系统加固

本章导读

Windows 系统管理员在对 Windows 系统进行加固设置时，应本着最小使用权限原则进行系统加固，包括陷阱账户设置、密码策略设置、共享管理、权限管理与远程管理以及日志审核管理等操作，以达到系统数据安全的目标。

 学习目标

知识目标	• 了解 Windows 安全基线概念以及设置； • 掌握 Windows 系统加固项以及作用； • 掌握 Windows 其他安全加固设置方法。
技能目标	• 掌握 Windows 陷阱账户设置、密码策略、共享管理等设置方法； • 掌握 Windows 权限管理，远程管理以及日志审核管理等设置方法； • 掌握协议安全配置和文件权限检查。

4.1 Windows 系统安全基线

Windows 系统
基线加固

4.1.1 Windows 系统安全基线概念

这里的 Windows 系统安全基线是指服务器安全基线，是为了满足安全规范要求，服务器必须达到的安全（最低）标准。这些标准包括：通过设置口令复杂度策略，防止暴力破解密码；控制用户或文件权限，减少被攻击后的影响；最小化安装操作系统，防止不必要的服务带来的安全问题。一般通过检查项（Checklist）来核对符合项。

安全基线广泛应用于银行、证券、电信运营商、互联网行业等涉及信息安全的领域，通常包含操作系统、网络设备、数据库和中间件等设备。不同行业有不同的基线标准，而且可能存在一定的差异。

4.1.2 Windows Server 2016 基线加固

1. 更新系统

确保系统始终安装最新的安全补丁和更新，以修复已知的漏洞，命令如下：

```
# 使用 PowerShell 检查并安装更新
Install-Module PSWindowsUpdate
Get-WindowsUpdate -Install -AcceptAll -AutoReboot
```

2. 启用防火墙

虽然 Windows Server 2016 默认已经安装了防火墙，但可能需要自定义配置它才能满足特定的网络需求，命令如下：

```
# 查看防火墙状态
Get-NetFirewallProfile | Select-Object Name,Enabled
# 启用防火墙
Set-NetFirewallProfile -Profile Domain,Public,Private -Enabled True
```

3. 禁用不必要的服务

关闭不需要的服务以减少攻击面，命令如下：

```
# 列出所有服务
Get-Service | Select-Object DisplayName,StartType
Set-Service -Name <ServiceName> -StartupType Disabled
```

4.2 Windows 系统加固设置

Windows 系统加固配置一般包括以下内容：账户管理、密码策略、共享管理、文件权限管理、用户权限管理、日志审核管理、远程管理，以及其他一些安全选项。

4.2.1 账户管理

Windows 系统账户是计算机用户的身份识别，是一个用于访问计算机资源的账户。本小节将介绍如何查看 Windows 账户，以及 Windows 系统账户的管理方法。

1. 账户检查

（1）在 Windows 系统中，本地账户是常见的账户类型，查看本地账户的方法如下。

第一步，打开"计算机管理"窗口。

在 Windows 系统中，可以通过"计算机管理"窗口来查看本地账户。按 Win+R 组合键，打开"运行"窗口，然后在"运行"窗口中输入 compmgmt.msc，并单击"确定"按钮即可打开"计算机管理"窗口。

在"计算机管理"窗口中，展开"本地用户和组"选项，然后可以看到计算机中所有的本地用户账户。

第二步，查看本地账户信息。

在"计算机管理"窗口的"用户"选项中可以查看本地账户的详细信息，包括账户名称、描述、密码到期日期、密码是否过期等信息。

（2）在 Windows 系统中，域账户是指在域中创建的账户。查看域账户的方法如下。

第一步，打开"计算机管理"窗口。

与查看本地账户类似，可以通过"计算机管理"窗口来查看域账户。

第二步，选择"用户和组"。

在"计算机管理"窗口中展开"系统工具"选项，然后选择"本地用户和组"选项，可以看到计算机中所有的本地用户账户。在"本地用户和组"选项中选择"组"选项，然后选择"域用户"选项，可以看到计算机中所有的域用户账户。

第三步，查看域账户信息。

在"域用户"选项中可以查看域账户的详细信息。

2. Windows 系统账户管理方法

1）创建本地账户

如果需要在 Windows 系统中创建本地账户，可以在"用户"选项中右击空白区域，选择"新建用户"命令。输入账户名称和密码，设置好其他选项，单击"创建"按钮即可。

2）删除本地账户

如果需要在 Windows 系统中删除本地账户，在"用户"选项中选择要删除的本地账户，右击该账户，选择"删除"命令。

3）重置本地账户密码

如果需要在 Windows 系统中重置本地账户密码，可在"用户"选项中选择要重置密码的本地账户，右击该账户，选择"设置密码"命令，输入新密码并确认即可。

3. 陷阱账户的设置

对于多用户系统，应根据业务需求，设定不同的用户和用户组。定期检查用户，删除无用和过期的用户，应保证所有用户均为有效且在使用账户。另外，还需要禁用 Guest 用户，设置陷阱账户，以及不显示最后的用户名。

案例 4-1 Windows 系统管理员依据业务需求对 Windows 系统安全进行加固设置。设置和修改不同的用户和用户组，包括陷阱账户的设置。

陷阱账户的设置需要更改默认的管理员名称 Administrator，防止暴力破解等问题。

第一步，修改 Administrator 账户为 Guessadmin，设置强密码，并禁用账户，如图 4-1 和图 4-2 所示。

第二步，新建用户 Testadmin，设置强密码，并隶属于管理员组，用于日常使用，如图 4-3~图 4-5 所示。

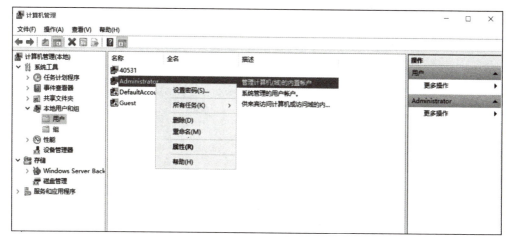

图 4-1　管理员账户重命名和设置密码

图 4-2　禁用账户的设置

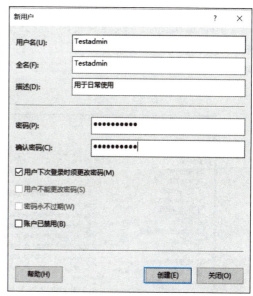

图 4-3　创建新用户

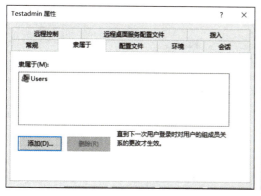

图 4-4　打开添加隶属属性窗口

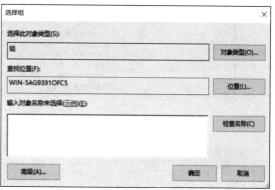

图 4-5　选择组

第三步,新建用户命名为 Administrator,设置强密码,并隶属于 Guests 组,作为陷阱账户。方法与第二步相同,这里不再重复介绍,如图 4-6 所示。

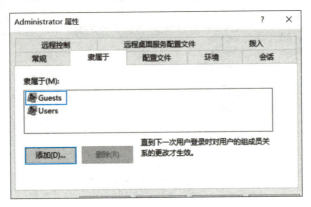

图 4-6 陷阱用户添加到组

用户退出后,下次登录时,不应显示上次登录用户的信息。检测方法:在"控制面板"中找到"系统和安全管理工具",打开"本地安全策略"窗口,选择"本地策略"选项,在下一级列表选择"安全选项",右侧窗格中选择"交互式登录:不显示最后的用户名",如图 4-7 所示。

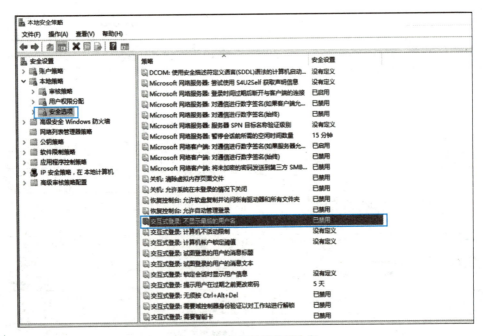

图 4-7 不显示最后的用户名

4.2.2 密码策略

案例 4-2 设置账户策略,密码遵循复杂性要求,密码长度最小值为 8 个字符,最长使用期限为 30 天,账户锁定阈值为 2 次,账户锁定时间为 20 分钟并重置。

启用密码策略，根据规范设置密码长度、复杂度等选项。应当定期更改静态口令，建议不超过 90 天。而且需要配置账户锁定策略，防止暴力破解攻击。检测方法："控制面板"中找到"系统和安全管理工具"，打开"本地安全策略"窗口，在"安全设置"中选择"账户策略"选项，在下一级列表选择"密码策略"，右侧窗格中可以设置相关内容，如图 4-8 所示。

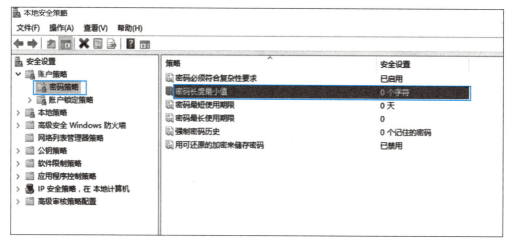

图 4-8　密码策略的设置

4.2.3 共享管理

在非域环境中，关闭 Windows 默认共享，例如，IPC$、Admin$、C$、D$ 等。检测方法：打开"运行"窗口，输入 net share 查看目前的共享文件夹。

设置共享文件夹权限，只允许授权的账户拥有共享此文件夹的权限。检测方法：在"控制面板"中找到"系统和安全"，选择"管理工具"，打开"计算机管理"窗口，选择"共享文件夹"，查看每个共享文件夹权限。

4.2.4 权限管理与远程管理

1. 从远程系统强制关机

只有管理员用户可以远程关闭操作系统。检测方法：在"控制面板"中找到"系统和安全"，选择"管理工具"，打开"本地安全策略"窗口，选择"本地策略"→"用户权限分配"，在右侧窗格中选择"从远程系统强制关机"选项，打开属性窗口，添加远程系统强制关机用户，如图 4-9 所示。

2. 关闭系统

只有管理员用户可以本地关闭操作系统。检测方法：在"控制面板"中找到"系统和安全"，选择"管理工具"，打开"本地安全策略"窗口，选择"本地策略"→"用户权限分配"，在右侧窗格中选择"关闭系统"选项，添加关闭系统的用户，如图 4-10 所示。

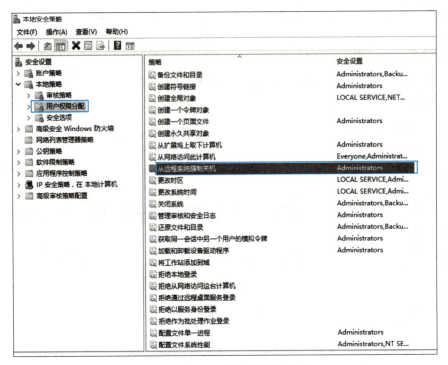

图 4-9 从远程系统强制关机设置

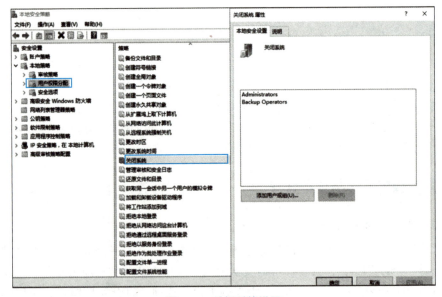

图 4-10 关闭系统设置

3. 用户权限分配

用户权限分配是指取得文件或其他对象的所有权权限应只分配给 Administrators 组。检测方法：在控制面板中找到"系统和安全"，选择"管理工具"，打开"本地安全策略"窗口，选择"本地策略"→"用户权限分配"，在右侧窗格中选择"取得文件或其他对象的所有权"选项，如图 4-11 所示。

图 4-11　取得文件或其他对象的所有权设置

4. 授权账户登录

授权账户登录是指配置指定授权用户，允许本地登录此计算机。检测方法：在"控制面板"中找到"系统和安全"，选择"管理工具"，打开"本地安全策略"窗口，选择"本地策略"→"用户权限分配"，在右侧窗格中选择"允许本地登录"选项，添加授权账户登录的用户，如图 4-12 所示。

图 4-12　授权账户登录设置

5. 授权账户的网络访问

授权账户从网络访问是指只允许授权账号从网络访问（包括网络共享等，但不包括终端服务）此计算机。检测方法：在"控制面板"中找到"系统和安全"，选择"管理工具"，打开"本地安全策略"窗口，选择"本地策略"→"用户权限分配"，在右侧窗格中选择"从网络访问此计算机"选项，添加授权账户，如图 4-13 所示。

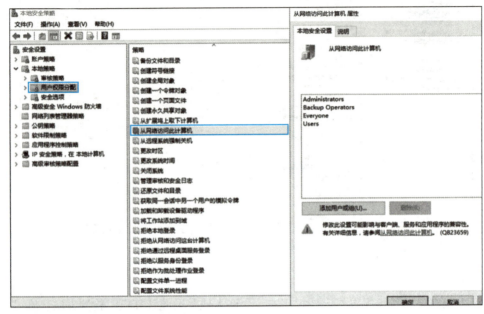

图 4-13　授权账户的网络访问设置

6. 禁用未登录前关机

如果启用未登录前关机设置，服务器安全性将会大大降低，给远程连接的黑客留下可乘之机，强烈建议禁用此功能。检测方法：在"控制面板"中找到"系统和安全"，选择"管理工具"，打开"本地安全策略"窗口，选择"本地策略"→"安全选项"，在右侧窗格中选择"关机：允许系统在未登录的情况下关闭"选项并予以禁用，如图 4-14 所示。

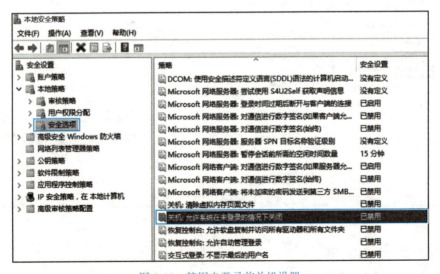

图 4-14　禁用未登录前关机设置

4.3 审核与日志

4.3.1 审核策略检查

1. 审核目录服务访问

"审核目录服务访问"设置用于确定是否对用户访问 Microsoft Active Directory（AD）对象的事件进行审核，该对象指定了自身的系统访问控制列表（SACL）。SACL 是用户和组的列表，AD 对象上针对这些用户或组的操作将在基于 Microsoft Windows 2000 及其后的所有 Windows Server 版本的网络上进行审核。成功审核会在用户成功访问指定了 SACL 的 AD 对象时生成一个审核项；同样，失败审核会在用户试图访问指定了 SACL 的 AD 对象失败时生成一个审核项。启用"审核目录服务访问"并在目录对象上配置 SACL，可以在域控制器的安全日志中生成大量审核项，因此仅在确实要使用所创建的信息时才应启用这些设置。

⚠ **注意**：可以通过使用 AD 对象"属性"对话框中的"安全"选项卡，在该对象上设置 SACL。除了仅应用于 AD 对象，而不应用于文件系统和注册表对象之外，它与审核对象访问类似。

2. 审核登录事件

"审核登录事件"设置用于确定是否对用户在记录审核事件的计算机上登录、注销或建立网络连接的每个实例进行审核。如果正在域控制器上记录成功的账户登录审核事件，工作站登录尝试将不生成登录审核。只有域控制器自身的交互式登录和网络登录尝试才生成登录事件。总而言之，账户登录事件是在账户所在的位置生成的，而登录事件是在登录尝试发生的位置生成的。成功审核会在登录尝试成功时生成一个审核项。该审核项的信息对于记账以及事件发生后的辩论十分有用，可用来确定哪个人成功登录到哪台计算机。失败审核会在登录尝试失败时生成一个审核项，该审核项对于入侵检测十分有用，但此设置可能会导致进入 DoS 状态，因为攻击者可以生成数百万次登录失败，并将安全事件日志填满。

3. 审核对象访问

"审核对象访问"设置用于确定是否对用户访问指定了自身 SACL 的对象（如文件、文件夹、注册表项和打印机等）这一事件进行审核。许多失败事件在正常的系统运行期间都是可以预料的。例如，许多应用程序（如 Microsoft Word）总是试图使用读写特权来打开文件。如果无法这样做，它们就会试图使用只读特权来打开文件。如果已经在该文件上启用了失败审核和适当的 SACL，则当发生上述情况时，将记录一个失败事件。如果启用审核对象访问并在对象上配置 SACL，可以在企业系统上的安全日志中生成大量审核项，因此仅在确实要使用记录的信息时才应启用这些设置。

⚠ **注意**：在 Microsoft Windows Server 中，启用审核对象（如文件、文件夹、打印机或注册表项）功能可以分为两个步骤。启用审核对象访问策略之后，必须确定要监视其访问的对象，然后相应修改其 SACL。例如，如果要对用户打开特定文件的任何尝试进行审核，可以使用 Windows 资源管理器或组策略，直接在要监视特定事件的文件上设置"成功"或"失败"属性。

4. 审核策略更改

"审核策略更改"设置用于确定是否对更改用户权限分配策略、审核策略或信任策略的每个事件进行审核。成功审核会在成功更改用户权限分配策略、审核策略或信任策略时生成一个审核项，可用来确定谁在域或单个计算机上成功修改了策略。失败审核会在对用户权限分配策略、审核策略或信任策略的更改失败时生成一个审核项。

5. 审核特权使用

"审核特权使用"设置用于确定是否对用户行使用户权限的每个实例进行审核。成功审核会在成功行使用户权限时生成一个审核项。失败审核会在行使用户权限失败时生成一个审核项。启用这些设置以后，生成的事件数量将十分庞大，并且难以进行分类。只有在已经计划好如何使用生成的信息时，才应启用这些设置。默认情况下，即使为"审核特权使用"指定了成功审核或失败审核，也不会为下列用户权限的使用生成审核事件：跳过遍历检查、调试程序、创建令牌对象、替换进程级令牌、生成安全审核、备份文件和目录、还原文件和目录。

6. 审核过程跟踪

"审核过程跟踪"设置用于确定是否审核事件的详细跟踪信息，如程序激活、进程退出、句柄复制和间接对象访问等。成功审核会在成功跟踪过程时生成一个审核项。失败审核会在跟踪过程失败时生成一个审核项。启用"审核过程跟踪"将生成大量事件，因此通常都将其设置为"无审核"。但是，在事件响应期间，即过程详细日志开始记录和这些过程被启动的时间，这些设置会发挥很大的作用。

7. 审核系统事件

"审核系统事件"设置用于确定在用户重新启动或关闭其计算机时，或者在影响系统安全或安全日志的事件发生时，是否进行审核。如果定义了此策略设置，则可指定是否审核成功、审核失败或根本不审核此事件类型。成功审核会在成功执行系统事件时生成一个审核项。失败审核会在系统事件尝试失败时生成一个审核项。由于同时启用系统事件的失败审核和成功审核时，仅记录极少数其他事件，并且所有这些事件都非常重要，因此建议在组织中的所有计算机上启用这些设置。

4.3.2 日志检查

操作系统日志是记录操作系统执行过程中的关键事件和错误信息的重要工具。通过检查操作系统的日志，可以及时发现系统问题并采取相应的措施解决。本小节旨在介绍常规检查操作系统日志的步骤和注意事项。

1. 检查步骤

1）确定日志位置

需要确定操作系统日志的位置。不同操作系统的日志位置可能不同，可以通过操作系统文档或者互联网搜索来找到相应的信息。

2）检查系统日志

系统日志是记录操作系统关键事件的日志文件。通过检查系统日志，可以了解系统启动、关闭、错误等重要事件。以下是常规操作系统检查系统日志的步骤。

（1）打开日志文件：根据日志位置，使用适当的工具（如文本编辑器或命令行工具）打开系统日志文件。

（2）检查关键事件：浏览日志文件，查找关键事件，如系统启动、关闭、错误信息等。关注错误信息，特别是与系统性能或功能异常相关的错误。

（3）记录重要信息：将关键事件和错误信息记录下来，以备后续分析和处理。

3）检查应用程序日志

应用程序日志是记录应用程序执行过程中的关键事件和错误信息的日志文件。通过检查应用程序日志，可以了解应用程序的运行状态和问题。以下是常规操作系统检查应用程序日志的步骤。

（1）打开日志文件：根据应用程序的文档或配置文件，找到相应的应用程序日志文件，并使用适当的工具将其打开。

（2）检查关键事件：浏览日志文件，查找关键事件，如应用程序启动、关闭、错误信息等。关注与应用程序功能或性能异常相关的错误信息。

（3）记录重要信息：将关键事件和错误信息记录下来，以备后续分析和处理。

2. 注意事项

在进行常规检查操作系统日志时，需要注意以下事项：
- 确保对日志文件有适当的访问权限，以免无法打开或读取日志文件；
- 仅关注与系统性能或功能异常相关的错误信息，避免被次要问题所干扰；
- 记录关键事件和错误信息时，要包括时间、日期和相关的上下文信息，以便后续分析和处理。

通过常规检查操作系统日志，可以及时了解操作系统和应用程序的运行状态和问题，并采取相应的措施解决。在进行检查时，需要明确日志位置，检查系统日志和应用程序日志并注意异常事项，从而有助于保持操作系统的稳定性和安全性。

3. 日志审核的管理

日志审核管理的检测方法：打开"控制面板"，找到"系统和安全"，打开"管理工具"，选择"本地安全策略"→"本地策略"→"审核策略"，打开属性窗口，进行审核策略更改的设置，如图 4-15 所示。审核策略更改的结果如图 4-16 所示。

案例 4-3 应用日志文件大小至少应设置为 8192KB，可根据磁盘空间配置日志文件大小，记录的日志越多越好。还应设置当达到最大的日志文件大小时，按需轮询记录的日志。检测方法：在"事件查看器"中选择"Windows 日志"，查看应用日志、系统日志、安全日志属性中的日志大小，并根据安全策略设置"达到事件日志最大大小时"的操作，根据磁盘空间决定是否选择"日志满时将其存档，不覆盖事件"，操作如图 4-17 和图 4-18 所示。

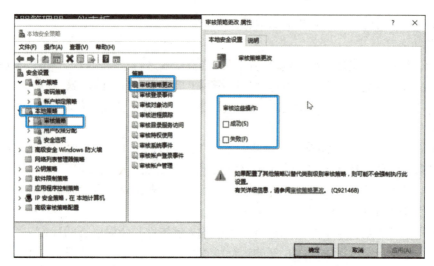

图 4-15　打开审核策略更改的属性窗口

图 4-16　审核策略更改的结果

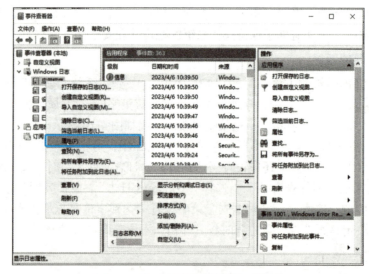

图 4-17　打开应用程序的属性对话框

图 4-18　设置应用日志文件大小

4.4　文件权限检查

在 Windows 操作系统中，文件的编辑权限是控制用户对文件进行修改和编辑的权限。通过正确设置文件的编辑权限，可以保护文件的安全性，并防止未授权的用户对文件进行修改。本文将介绍如何在 Windows 上设置文件的编辑权限。

1. 使用 Windows 资源管理器设置文件的编辑权限

在 Windows 资源管理器中，可以通过以下步骤设置文件的编辑权限。

（1）右击要设置编辑权限的文件，在弹出的菜单中选择"属性"命令。

（2）在"属性"窗口中单击"安全"选项卡，如图 4-19 所示。

（3）在"安全"选项卡中会列出文件的权限信息，单击"编辑"按钮，可以看到文件的用户和组列表。

（4）选择特定的用户或组，并在下方的权限列表中勾选或取消勾选相应的权限选项。常见的文件权限选项包括"完全控制""读取和执行""写入""删除"等，如图 4-20 所示。

（5）单击"确定"按钮保存设置。

通过以上步骤，可以灵活地设置文件的编辑权限，满足不同用户的需求。

2. 使用命令行窗口设置文件的编辑权限

除了使用 Windows 资源管理器，还可以通过命令行窗口来设置文件的编辑权限。基本语法如下：

```
icacls 文件路径 /grant 用户或组：权限
```

图 4-19 文件的安全属性设置

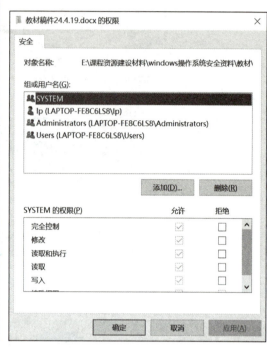
图 4-20 文件的组或用户权限设置

其中，常见的权限参数说明如下：
- F：全控制；
- M：修改；
- RX：读取和执行；
- R：只读；
- W：写入；
- D：删除。

例如，要将文件 C:\test\example.txt 设置为只读权限，可以打开命令提示符窗口，使用以下命令：

```
icacls C:\test\example.txt /grant Users:R
```

通过命令行窗口设置文件的编辑权限，可以批量进行操作，提高效率。

3. 设置文件夹的编辑权限

在 Windows 操作系统中，文件夹的编辑权限与文件类似。通过以下步骤，可以设置文件夹的编辑权限。

（1）打开 Windows 资源管理器，找到要设置编辑权限的文件夹。
（2）右击文件夹，在弹出的菜单中选择"属性"命令。
（3）在"属性"窗口中单击"安全"选项卡，如图 4-21 所示。
（4）在"安全"选项卡中单击"编辑"按钮。

图 4-21 文件夹的安全属性设置

（5）在"文件夹权限"窗口中，可以看到文件夹的用户和组列表。选择特定的用户或组，并在下方的权限列表中勾选或取消勾选相应的权限选项，如图 4-22 所示。

图 4-22 文件夹权限的修改

（6）单击"确定"按钮，保存设置。

通过以上步骤，可以设置文件夹的编辑权限，使文件夹中的文件无法被未授权的用户修改。

4. 重要注意事项

在设置文件的编辑权限时，需要注意以下事项。

（1）确保拥有足够的权限来设置文件的编辑权限。文件的所有者或管理员账户可以设置任意权限，其他用户只能设置自己的权限。

（2）谨慎设置文件的编辑权限，避免给予不必要的权限。过多的权限可能导致文件的安全性降低。

（3）定期检查文件的权限设置，及时发现并修正可能存在的问题。

在 Windows 上设置文件的编辑权限是保护文件安全的重要步骤。通过使用 Windows 文件资源管理器或命令行工具，可以灵活地设置文件夹的编辑权限。同时，对文件夹的编辑权限进行设置，可以进一步保护文件的安全性。在设置权限时，需要谨慎操作，避免给予不必要的权限。定期检查文件的权限设置，可以及时发现并修正问题，保护文件的安全性。

4.5 其他安全选项

1. 禁用服务

最小化安装是指禁用不必要的服务。根据业务需求，禁用不必要的服务。检测方法：通过"控制面板"选择"系统和安全管理"工具中的"服务"选项，查看各服务状态。

2. 软件管理

删除不必要的软件。根据业务需求，安装必需的软件，确定每一个软件的作用。检测方法：通过"控制面板"选择"程序"中的"程序和功能"选项设置。

案例 4-4 对于远程登录的账户，设置其不活动时间，如超过 15 分钟，则自动断开连接。

第一步，打开"本地组策略编辑器"，选择"计算机配置"→"管理模板"→"Windows 组件"，如图 4-23 所示。

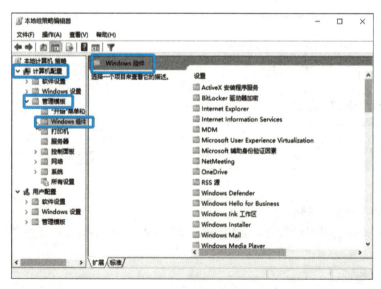

图 4-23　Windows 组件

第二步,选择"远程桌面服务"→"远程桌面会话主机"→"会话时间限制",设置"设置活动但空闲的远程桌面服务会话的时间限制",如图 4-24 所示。

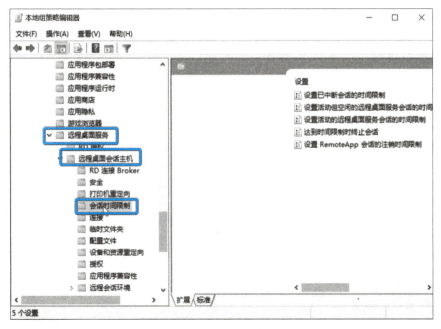

图 4-24 会话时间限制设置

第三步,打开"会话时间限制"设置的窗口,启用设置,将"空闲会话限制"时间设置为 15 分钟,然后单击"确定"或"应用"按钮即可,如图 4-25 所示。

图 4-25 空闲会话限制时间设置

4.6 Windows 系统加固实验

1. 实验目的

（1）掌握 Windows 操作系统的安全加固方法。
（2）提升系统的安全性能。
（3）减少潜在的安全威胁和漏洞。

2. 实验背景

2021 年 4 月，某科技公司遭受了一次安全漏洞攻击，险些泄露敏感数据。事后分析发现，攻击者是通过一个未修补的 Windows 操作系统漏洞进入网络的。幸亏该公司的系统管理员及时更新应用了最新的安全补丁，攻击者并未盗走敏感资料。事后，该公司开始重视网络安全，决定加固操作系统。

3. 实验内容

（1）操作系统更新与补丁管理。
（2）加强密码策略。

4. 实验要求

（1）拥有一台安装有 Windows 操作系统的计算机，建议使用 Windows Server 2016 或 Windows Professional 版本。
（2）具备基础的 Windows 操作知识和网络知识。
（3）遵循最佳实践原则，确保每步操作都符合安全标准。
（4）实验过程中需记录详细步骤与结果，以供后续分析和验证。

5. 实验环境

实验使用系统为 Windows Server 2016。

6. 实验步骤

步骤 1：操作系统更新与补丁管理

（1）打开"设置"或通过"开始"菜单搜索 Windows Update。单击 Windows Update 按钮，然后单击"检查更新"按钮，操作系统将自动检查可用的更新，如图 4-26 所示。

图 4-26 检查更新设置

（2）如果有可用的安全更新，单击"下载"或类似选项来启动更新的下载过程。请确保设备连接到互联网，并具有足够的带宽来下载更新文件。一旦下载完成，可能需要重启计算机完成更新的安装。在某些情况下，系统可能会提示立即重启或安排一个方便的时间来执行重启，如图 4-27 所示。

图 4-27　下载完成后重启计算机

（3）安装更新后，可以在 Windows Update 的历史记录部分查看已安装的更新列表，确认安全补丁已经成功应用，如图 4-28 和图 4-29 所示。

图 4-28　在 Windows Update 的历史记录中查看已安装的更新列表

（4）对于网络中的每台设备，都需要重复上述步骤，确保所有系统都完成了最新的安全更新。对于运行关键业务或敏感数据的服务器，可能需要在应用更新之前在非生产环境中进行测试，以确保更新不会引发兼容性问题或其他意外情况。

图 4-29　更新列表设置

步骤 2：加强密码策略

（1）打开"本地组策略编辑器"窗口。右击"开始"按钮，在"命令行"窗口中输入 gpedit.msc 并按 Enter 键，打开"本地组策略编辑器"窗口，如图 4-30 所示。

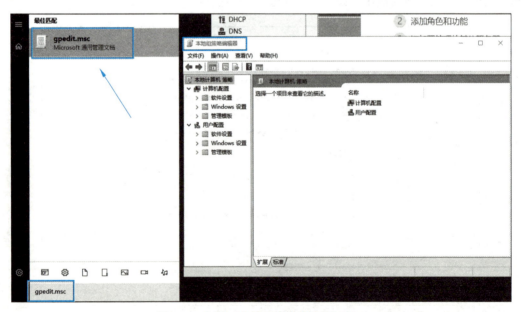

图 4-30　打开"本地组策略编辑器"窗口

（2）配置密码策略。在左侧导航窗格中选择"计算机配置"→"Windows 设置"→"安全设置"→"账户策略"→"密码策略"。双击要修改的策略，例如"密码必须符合复杂性要求"，然后选择所需的选项，如图 4-31 所示。

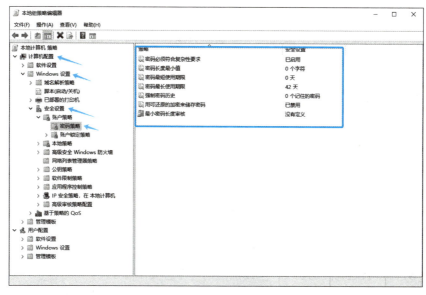

图 4-31　打开密码策略

（3）应用新的密码策略。单击"确定"按钮保存更改，然后关闭"本地组策略编辑器"。使用不同的账户尝试创建或更改密码，以确保新策略生效。定期检查密码策略是否符合最新的安全标准，并根据需要更新密码策略，如增加密码长度、复杂度等，如图 4-32 所示。

图 4-32　密码策略修改设置

7. 实验结果与验证

正确掌握了 Windows 操作系统的安全加固方法。通过对比加固前后的系统配置和安全性表现来评估实验结果。利用漏洞扫描工具检测系统存在的漏洞数量和种类，验证加固效果。通过模拟攻击测试系统的反应和防护能力，确保加固措施有效。定期审核和更新安全策略，确保系统持续符合最新的安全标准。

◆ 课后习题 ◆

一、选择题

1. 在 Windows Server 2016 中，当进行基线加固时，以下（　　）操作是不必要的。
   A. 设置密码使用期限策略　　　　　　B. 启用密码复杂性要求
   C. 允许所有用户远程访问服务器　　　D. 删除与设备无关的用户账户
2. 在 Windows Server 2016 中，基线加固的一个重要步骤是（　　）。
   A. 禁用防火墙　　　　　　　　　　　B. 启用所有不必要的服务
   C. 定期更新操作系统和应用程序　　　D. 允许匿名用户访问敏感数据
3. Windows 审核策略的主要目的是（　　）。
   A. 提高系统性能　　　　　　　　　　B. 监控和记录用户及系统活动
   C. 禁用不必要的系统服务　　　　　　D. 管理用户账户
4. 在 Windows Server 2016 中，进行基线加固时，关于密码策略的设置，以下（　　）是不推荐的。
   A. 将密码最长使用期限设置为 90 天　B. 将密码最短使用期限设置为 1 天
   C. 启用密码必须符合复杂性要求　　　D. 将密码最小长度设置为 10 位
5. 在 Windows Server 2016 中，管理员通常使用（　　）来检查系统日志。
   A. 事件查看器　　　　　　　　　　　B. 资源监视器
   C. 任务管理器　　　　　　　　　　　D. 磁盘管理

二、简答题

1. 对 Windows Server 2016 进行基线加固实践。
2. 描述如何创建一个新的管理员账户并为其设置密码。
3. 描述 Windows 授权检查的基本步骤。
4. Windows 审核策略可以记录哪些类型的信息？

第 5 章

Windows 服务器安全

 本章导读

在 Windows 系统中，DHCP（动态主机配置协议）服务器、DNS（域名系统）服务器和 FTP（文件传输协议）服务器都是重要的网络服务组件。Windows 系统管理员应依据工作及职位需求，对这三种服务器进行安装和安全配置等操作，通过限制 DHCP 作用域、限制区域传输、启用 FTPS、限制用户访问权限、身份验证等设置，达到对 Windows 系统安全保护的目标。

 学习目标

知识目标	• 了解 DHCP、DNS、FTP 服务器的概念； • 熟悉 FTP 服务器的工作原理； • 熟悉 DHCP 服务器的工作原理； • 掌握 DHCP 服务器保留的方法； • 掌握 DNS 服务器的概念和工作原理； • 掌握 FTP 站点安全加固的方法； • 掌握 FTP 服务器开启用户隔离的设置方法。
技能目标	• 掌握 DHCP、DNS、FTP 服务器的安装和配置方法； • 掌握区域中资源记录的创建方法； • 掌握 FTP 服务器的安全配置方法； • 掌握 FTP 站点的创建和访问站点方法。

5.1 DHCP 服务器的搭建

DHCP 服务器的安装

5.1.1 DHCP 服务器的概述

1. DHCP 服务器的作用

动态主机配置协议（Dynamic Host Configuration Protocol，DHCP）的主要作用是简化网络中 IP 地址的分配工作。因为 DHCP 可以自动分配 IP 地址，对 IP 地址进行集中管理和分配，从而使网络环境中的主机能够动态地获得 IP 地址、网关地址、DNS 服务器地址等信息，提高了工作效率。当网络的 IP 地址段改变时，只需要修改 DHCP 服务器的 IP 地址池即可，大大地提高 IP 地址管理效率。DHCP 在客户请求时才提供 IP 地址，关机后又会自动释放，因此可以节约 IP 地址资源。

在网络中设置 IP 地址的方法有两种：手动设置和自动设置。

（1）手动设置 IP 地址需要给每个客户端逐一分配 IP 地址及设置相关选项，如果客户端数量比较多，工作量就会很大，并且容易出现 IP 地址冲突的问题。如果需要更改多个客户端的 IP 参数时，必须在每个客户端上逐一更改。

（2）自动设置 IP 地址则是利用 DHCP 服务器为客户端动态地分配 IP 地址，从而大大减少工作量，还可以避免出现 IP 地址冲突等问题。如果需要更改多个客户端的 IP 参数时，通过服务器的配置选项统一修改即可。手动设置 IP 地址和自动设置 IP 地址的区别如表 5-1 所示。

表 5-1 手动设置 IP 地址和自动设置 IP 地址的区别

手动设置	自动设置
IP 地址及其他参数由管理员设置	IP 地址及其他参数由 DHCP 服务器动态分配
容易导致设置错误	可以避免设置错误
容易导致 IP 地址冲突	可以避免 IP 地址冲突
每个客户端固定设置一个 IP 地址	客户端动态获取 IP 地址，可以提高 IP 地址的利用率
如果需要更改多个客户端的 IP 地址时，必须在每个客户端上逐一更改	如果需要更改多个客户端的 IP 地址时，修改服务器的配置选项统一修改

2. DHCP 的工作原理

所有客户端的 IP 地址设定都由 DHCP 服务器集中管理，客户端向服务器提出获得 IP 地址的请求，服务器返回为客户端分配的 IP 地址配置信息。

图 5-1 DHCP 的工作原理

DHCP 客户端从 DHCP 服务器获取 IP 地址，主要通过 4 个阶段进行：发现、提供、请求、确认。DHCP 的工作原理如图 5-1 所示。

发现是客户端通过发送报文寻找 DHCP 服

务器,并向服务器请求 IP 地址。

服务器收到请求后,DHCP 就进入了提供阶段,会给客户端提供一个闲置的 IP 地址。

客户端收到 DHCP 服务器的响应,进入 DHCP 请求阶段,服务器选择一个最先到达的那个 IP 地址发送给客户端,并通知客户端建立租约。客户端得到这个 IP 地址后,DHCP 客户端正式向 DHCP 服务器请求使用该 IP 地址。

客户端收到服务器响应后,客户端给予服务器响应,告诉服务器已经使用了分配的 IP 地址,DHCP 进入确认阶段,表示同意 DHCP 客户端使用该 IP 地址,确认租约生效。

3. 租约更新

DHCP 服务器动态分配的 IP 地址是有使用期限的,这个期限叫作租期,默认是 8 天,所以在使用过程中需要进行租约更新。当使用时间到达租期的 50% 时,DHCP 客户端会以单播形式向 DHCP 服务器发送续租请求,如果 DHCP 服务器可用,就会向客户端发送续租信息,延长租期。如果 DHCP 服务器没有响应,当使用时间到达租期的 87.5% 时,客户端需要重新请求使用 IP 地址。

5.1.2 DHCP 服务器的安装

"工欲善其事,必先利其器",接下来了解一下 DHCP 服务器的安装过程。

第一步,打开"服务器管理器",在"仪表板"窗口中选择"添加角色和功能",如图 5-2 所示。

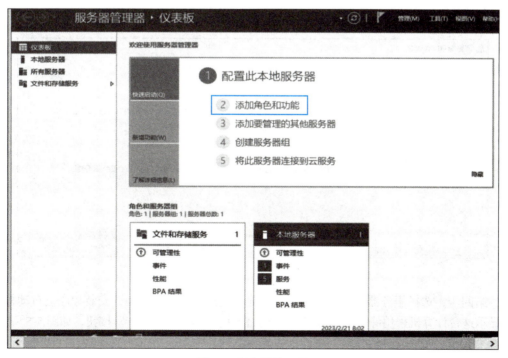

图 5-2 服务器管理器

第二步,在"开始之前"窗口中单击"下一步"按钮,如图 5-3 所示。

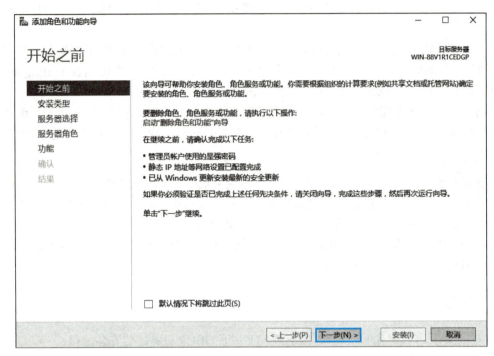

图 5-3 "开始之前"窗口

第三步,在"安装类型"窗口中选择"基于角色或基于功能的安装"选项,单击"下一步"按钮,如图 5-4 所示。

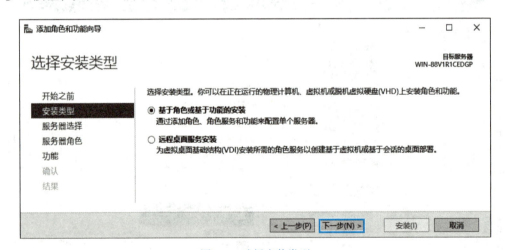

图 5-4 选择安装类型

第四步,选择服务器,单击"从服务器池中选择服务器"选项,安装程序会自动检测与显示这台计算机采用静态 IP 地址设置的网络连接,单击"下一步"按钮,如图 5-5 所示。

第五步,在"服务器角色"页面的右侧角色列表中勾选 DHCP 服务器,自动弹出"添加角色和功能向导"的窗口,单击"添加功能"按钮,再单击"下一步"按钮,如图 5-6 所示。

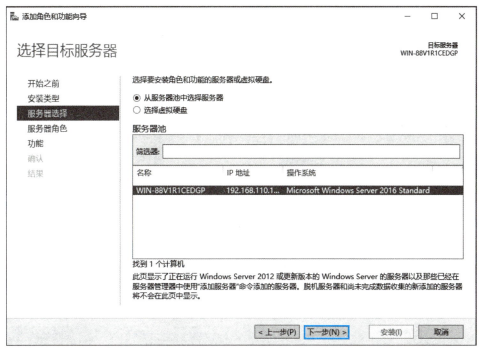

图 5-5 服务器选择

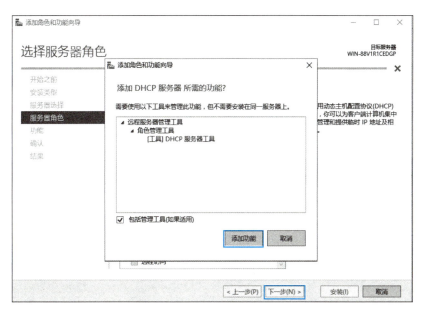

图 5-6 添加 DHCP 服务器

第六步，选择要安装在所选服务器上的一个或多个功能，单击"下一步"按钮。进入"DHCP 服务器"窗口，单击"下一步"按钮，如图 5-7 所示。

第七步，在"确认安装所选内容"窗口中，单击左侧的"确认"标签，显示出前面所选择要安装的内容，单击"安装"按钮。这个安装的过程比较长，请耐心等待，如图 5-8 所示。

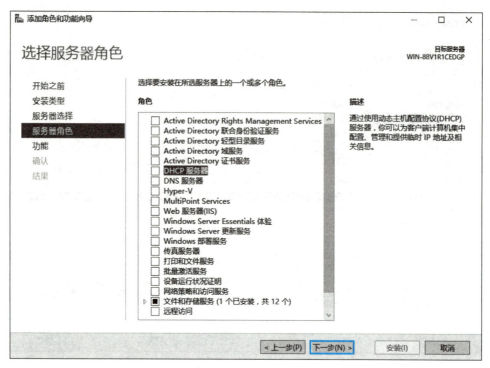

图 5-7　添加 DHCP 服务器功能

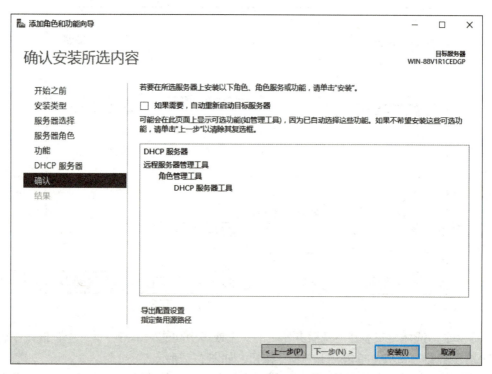

图 5-8　确认安装

第八步，等待 DHCP 服务器角色安装完成后，单击"关闭"按钮，回到"服务器管理器"窗口，左侧导航窗格中就会出现 DHCP 服务器名称。

5.1.3 DHCP 服务器的配置

为 DHCP 服务器配置分配 IP 时，需要先创建和激活作用域。

IP 作用域（scope）是指一个特定的子网中为客户机分配或租借有效 IP 地址的连续范围。使用 DHCP 服务器上的动态 TCP/IP 配置信息，首先必须在 DHCP 服务器上建立并且激活作用域。

每个子网只能创建一个作用域，每个作用域具有一个连续的 IP 地址范围。可以根据网络环境的需要在一台 DHCP 服务器上建立多个作用域，在作用域中还可以排除一个特定的地址或一组地址。

案例 5-1 为 M 公司进行 DHCP 服务器的配置。在为公司组建局域网时，网络中每一台计算机都需要配置 IP 地址才能够上网。为了避免用户分配的 IP 地址产生冲突，从而导致用户无法正常使用网络，可以利用 DHCP 服务器动态地为客户端分配 IP 地址和相关的环境配置，包括设定 DHCP 服务器的 IP 地址、IP 子网和网关。为了扩展公司网络服务，排除 10 个 IP 地址为服务器的 IP 地址，并为公司总经理保留一个 IP 地址。

第一步，打开"服务器管理器"，在右上角的工具菜单中找到 DHCP，或者打开开始菜单中的"Windows 管理工具"，这里也有 DHCP。单击打开 DHCP 窗口，单击计算机名称，里面有 IPv4 和 IPv6。

这里只采用 IPv4 即可，注意服务器图标的右下方有个绿色的小钩，表示服务器正在运行，如图 5-9 所示。

DHCP 服务器
的配置

图 5-9 选择 IPv4

第二步，新建作用域。在 IPv4 上右击，然后在弹出的菜单中单击"新建作用域"，打开"新建作用域向导"窗口，单击"下一步"按钮，如图 5-10 所示。

第三步，作用域的名称和描述应根据实际情况填写，这里名称填的是 xzyy，描述为 test。这个名称信息的作用是帮助快速识别该作用域在网络中的使用方式。然后，单击"下一步"按钮，如图 5-11 所示。

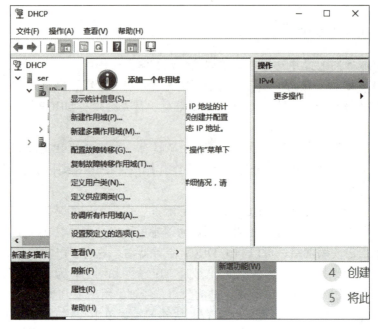

图 5-10 新建作用域

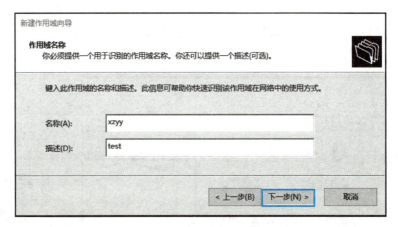

图 5-11 设置作用域的名称和描述

第四步，设置作用域分配的地址范围和子网掩码。设置作用域的起始 IP 地址是 192.168.1.1，结束 IP 地址是 192.168.1.254，网络位长度和子网掩码使用自动产生的即可，单击"下一步"按钮，如图 5-12 所示。

第五步，输入要排除的地址范围。排除的地址范围是指不参加动态分配的地址范围，例如，要给网络中的其他服务器设置的静态 IP 地址，或者网络中的网关地址等，这些地址都是需要从地址池中排除的，它们并不参加动态分配。在此任务中，将 192.168.1.1 到 192.168.1.10 的 IP 地址排除，留给网络中的其他服务器，将 192.168.1.254 网关地址排除，然后单击"下一步"按钮，如图 5-13 所示。

第六步，设置分配地址的有效期，也就是租期，默认是 8 天。一般在计算机实验室或者人员比较固定的办公室这种场景，可以不做修改，但是对于流动性比较大的场景，例如

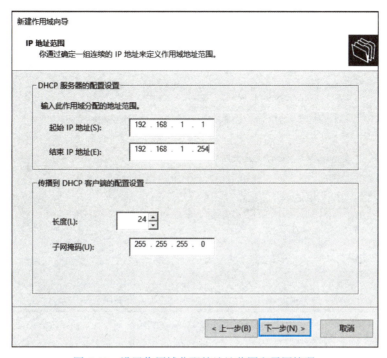

图 5-12　设置作用域分配的地址范围和子网掩码

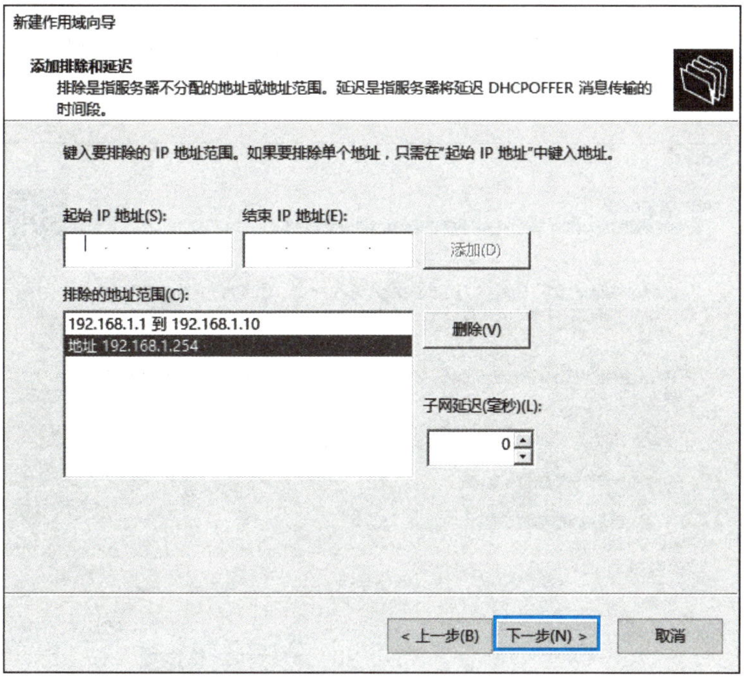

图 5-13　输入要排除的地址范围

地铁，如果保持 8 天的默认租期，就会造成可供分配的 IP 地址很快被耗尽，这时可以把租期修改为 1 小时，甚至更短，然后单击"下一步"按钮，如图 5-14 所示。

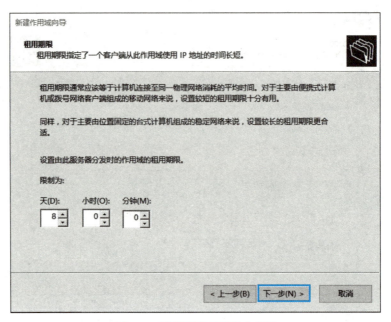

图 5-14　设置分配地址的有效期

第七步，在"配置 DHCP 选项"窗口中，由于刚才已经为 DHCP 服务器建立了一个可供分配的地址范围，但是如果客户端要上网，那么还需要配置网关和 DNS 服务器。选择"是，我想现在配置这些选项"，会继续通过向导配置 DHCP 选项信息。这里应选择"否，我想稍后配置这些选项"，因为可以稍后在"DHCP 管理控制台"中配置相关的 DHCP 选项信息。然后单击"下一步"按钮，如图 5-15 所示。

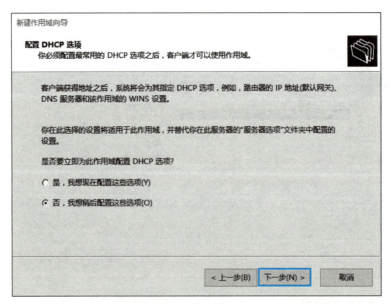

图 5-15　配置 DHCP 选项

第八步，在出现的"新建作用域向导"窗口中，单击"完成"按钮，如图 5-16 所示。作用域建完以后一定要激活才能正常工作。

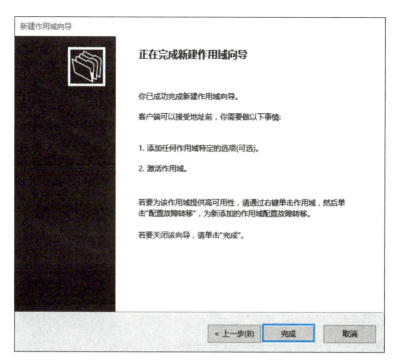

图 5-16 完成新建作用域

第九步，要想激活作用域，需回到配置窗口，右击"作用域"，选择"激活"命令，从而完成作用域的激活操作，如图 5-17 所示。

图 5-17 激活作用域

5.1.4 配置 DHCP 保留

DHCP 保留是指一个永久的 IP 地址分配。这个 IP 地址属于一个作用域，并且被永久保留给一个指定的 DHCP 客户端。

DHCP 保留的工作原理是将作用域中的某个 IP 地址与某台客户端的 MAC 地址进行绑定，使得拥有这个 MAC 地址的网络适配器每次都能获得一个相同的 IP。

根据 5.1.3 小节中案例 5-1 中的要求，给公司总经理的笔记本电脑指定 192.168.1.168 这个 IP 地址。

第一步，在总经理的笔记本电脑上运行 ipconfig/all，查看机器的 MAC 地址，如图 5-18 所示。

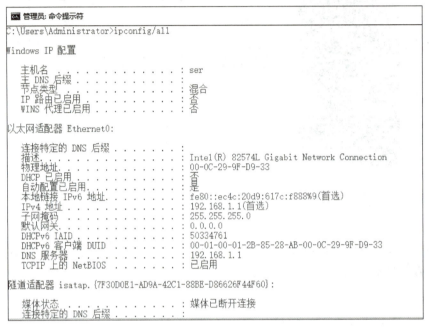

图 5-18　查看 MAC 地址

第二步，打开 DHCP 管理控制台，展开作用域的列表，右击"保留"选项，在快捷菜单中选择"新建保留"命令，如图 5-19 所示。

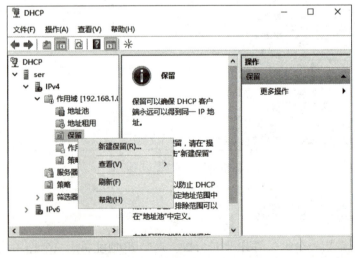

图 5-19　新建 DHCP 保留

第三步，在弹出的窗口中输入"保留名称""IP 地址""MAC 地址"等参数。在此案例中，要求把 192.168.1.168 这个地址保留给总经理，输入相关信息后单击"添加"按钮，再单击"关闭"按钮，如图 5-20 所示。

第四步，完成为总经理保留 IP 地址的操作，如图 5-21 所示。

图 5-20　设置保留参数

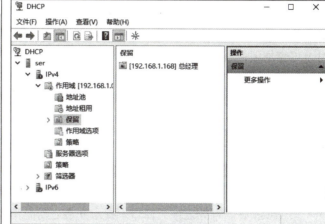

图 5-21　完成保留设置

5.2　DNS 服务器的搭建

DNS 服务器的安装

5.2.1　DNS 服务器概述

1. DNS 服务器

域名系统（Domain Name System，DNS）是由解析器和域名服务器组成的，是互联网的一项核心服务，域名服务器保存了网络主机中域名和对应的 IP 地址。访问互联网上的服务器时，必须依靠 IP 地址来识别网络中的每一台计算机，所以需要知道服务器的 IP 地址，但由于服务器数量众多，很难记住所有的服务器 IP 地址，因此为了方便普通用户访问网站，不用刻意去记住每个主机的 IP 地址，需要给每台被访问的服务器取一个容易理解和记忆的名字，也就是域名。

2. DNS 的作用

DNS 的作用是实现域名与 IP 地址的相互转换。域名虽然便于记忆，但是计算机之间只认识相互的 IP 地址，需要将域名映射到 IP 地址，这就需要专门的域名解析服务器来完成，DNS 就是这样的服务器。

3. DNS 中域名的命名

DNS 的域名空间是一种树状结构，这个树状结构被称为 DNS 域名空间。域名空间分为若干层次，树的每一级定义每一级的域名，层次结构清晰。

从右向左看子域，最右边的子域叫作顶级域名，依次为二级域、三级域等，最后是主机名，域名格式如下：

主机名．三级域名．二级域名．顶级域名

例如，在www.xsg.com这个域名中，www是主机名，xsg是二级域名，com是顶级域名。

互联网通常根据服务器所在的位置区域或功能区域，采用分级的方式来命名服务器。通过使用域名，人们很容易理解这台服务器在什么位置，属于哪个部门，用来做什么，同时也更容易记住该服务器。

5.2.2 DNS 服务器的安装

设置静态配置服务器 IP 地址为 192.168.1.1，然后进行 DNS 服务器的安装。服务器的安装方法在前面已经介绍过了，这里就进行简单的介绍。

第一步，在"服务器管理器"的"仪表板"中选择"添加角色和功能"，打开"添加角色和功能向导"窗口。

第二步，在"开始之前"窗口中提示安装之前需要完成的任务，单击"下一步"按钮。

第三步，在"选择安装类型"窗口中选择"基于角色或基于功能的安装"，单击"下一步"按钮。

第四步，在"选择目标服务器"窗口中选择"从服务器池中选择服务器"，安装程序会自动检测与显示这台计算机采用静态 IP 地址设置的网络连接，选择当前服务器，单击"下一步"按钮。

第五步，在"服务器角色"窗口中勾选"DNS 服务器"，打开"添加角色和功能向导"的窗口，单击"添加功能"按钮，再单击"下一步"按钮。

第六步，在自动弹出的"添加 DNS 服务器所需的功能"窗口中选择要安装在所选服务器上的一个或多个功能，单击"下一步"按钮。进入"DNS服务器"对话框，单击"下一步"按钮。

第七步，在"确认安装所选内容"窗口中显示出前面所选择要安装的内容，单击"安装"按钮。

第八步，进入"安装进度"窗口，安装过程需要等待一段时间，DNS 服务器角色安装完成后，单击"关闭"按钮回到"服务器管理器"窗口，左侧导航窗格中就会出现 DNS 服务器名称。

5.2.3 DNS 服务器的配置

案例 5-2 M 公司需要配置一台内部的 DNS 服务器，设置一个 IP 地址。公司要求内部的 DNS 服务器既能解析公司内部的 Web 服务器、FTP 服务器和邮件服务器地址，又能完成外网的解析请求。将公司 Web 服务器的域名（www.xgs.com）、FTP 服务器的域名（ftp.xgs.com）、公司两台 SMTP 服务器域名（serA.xgs.com 和 serB.xgs.com）分别进行 IP 地址解析，并且当 serA 无法工作时需要自动联系到 serB 上工作。

DNS 服务器的配置

根据案例要求，构建出该公司的 DNS 服务器部署拓扑结构图，如图 5-22 所示。

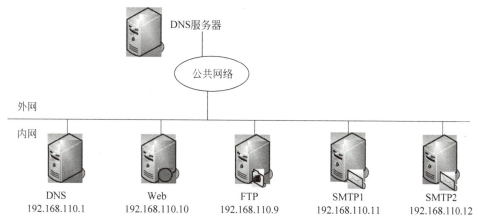

图 5-22　DNS 服务器部署拓扑结构

首先需要进行 DNS 服务器区域的创建，区域的创建就是为了实现域名解析。创建区域的类型分为正向查找区域和反向查找区域，正向查找区域主要是完成域名到 IP 的解析，反向查找区域则是完成 IP 到域名的解析。Windows Server 允许创建以下三种类型的 DNS 区域。

（1）主要区域：主要区域用来存储区域中的主副本，当在 DNS 服务器创建主要区域后，就可以直接在该区域添加、修改或删除记录，区域内的记录存储在文件夹 AD 数据库中。

（2）辅助区域：辅助区域是指从某一个主要区域复制而来的区域副本，辅助区域中的记录是只读的，不能进行添加、修改和删除等操作，仅仅能提供域名解析，辅助区域可是 DNS 服务器的备份和容错。

（3）存根区域：存根区域也是存储副本，不过与辅助区域不同，存根区域中只包含少数记录，主要有 SOA 记录、NS 记录和 A 记录。存根区域就像书签一样，仅仅指向负责某个区域的权威 DNS 服务器。

1. 创建正向查找区域

在"服务器管理器"窗口的右上角单击"工具"菜单，选择 DNS。

第一步，打开"DNS 管理器"，单击计算机名称，展开下拉列表，在"正向查找区域"上右击，在弹出的快捷菜单中选择"新建区域"，如图 5-23 所示。

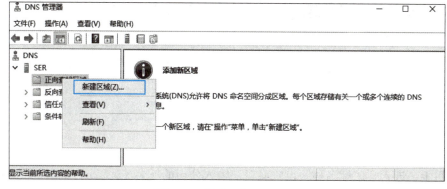

图 5-23　创建正向查找区域

第二步,在打开的"新建区域向导"窗口中单击"下一步"按钮,如图 5-24 所示。

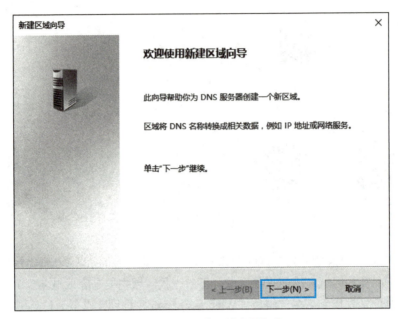

图 5-24 打开"新建区域向导"窗口

第三步,进入"区域类型"窗口,选择"主要区域"选项,单击"下一步"按钮,如图 5-25 所示。

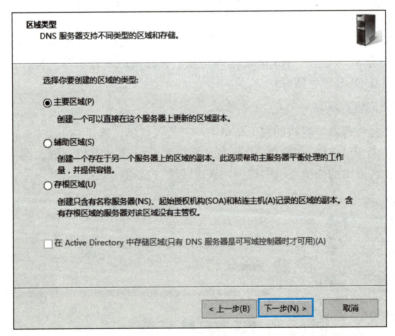

图 5-25 选择区域类型

第四步,进入"区域名称"设置窗口,输入公司的域名 xgs.com,单击"下一步"按钮,如图 5-26 所示。

第 5 章 Windows 服务器安全

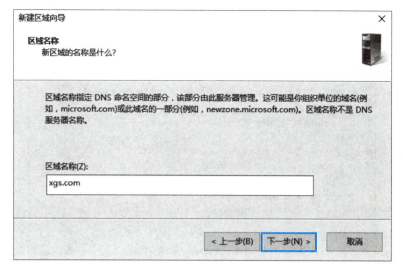

图 5-26　设置区域名称

第五步，进入"区域文件"设置窗口，选择"创建新文件，文件名为"，文件名使用默认设置，单击"下一步"按钮，如图 5-27 所示。

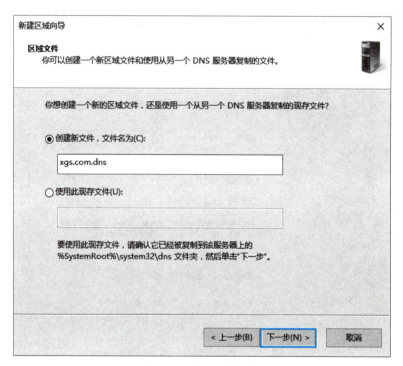

图 5-27　设置区域文件

第六步，进入"动态更新"设置窗口，选择"不允许动态更新"选项，单击"下一步"按钮，如图 5-28 所示。

第七步，在"新建区域向导"最后的完成窗口中单击"完成"按钮，新建区域 xgs.com 出现在右侧窗格中，从而完成了区域的创建，如图 5-29 所示。

107

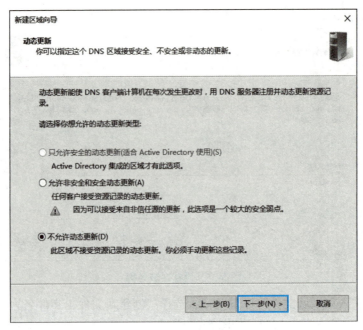

图 5-28　动态更新选项

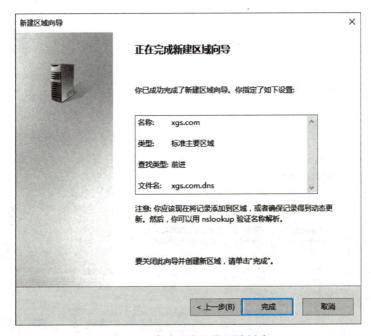

图 5-29　完成正向查找区域创建

2. 正向解析资源记录

根据任务的需求，需要用 DNS 服务器添加正向解析资源记录。

资源记录是 DNS 数据库中的一种标准结构单元，里面包含了用来处理 DNS 查询的信息。DNS 服务器支持多种不同类型的资源记录。包括主机记录、SOA 记录、NS 记录、CNAME 记录、MX 记录，如表 5-2 所示。

表 5-2 正向解析资源记录类型

记录类型	说明	范例
主机记录（A 或 AAAA 记录）	A 记录代表了网络中的一台计算机或一个设备，是最常见且使用最频繁的记录类型，主要负责把主机名解析成 IP 地址	把主机名 serA.xgs.com 解析成 IP 地址 192.168.10.10
SOA 记录	SOA 记录是每个区域文件中的第一个记录，标识了负责该区域的主 DNS 服务器。SOA 记录主要负责把域名解析成主机名	把 xgs.com 解析成 serA.xgs.com
NS 记录	NS 记录通过标识每个区域的 DNS 服务器以简化区域的委派。DNS 服务器向委派被委派的域发送查询之前，需要查询负责目标区域的 DNS 服务器的 NS 记录。NS 记录把域名解析成一个主机名	把 xgs.com 解析成 serB.xgs.com
CNAME 记录	CNAME 记录是一个主机名的另一个名字，CNAME 记录是把一个主机名解析成另一个主机名	把 www.xgs.com 解析成 webserver.xgs.com
MX 记录	MX 记录标识 SMTP 邮件服务器的存在，MX 记录把域名解析为主机名	把 xgs.com 解析成 smtp.xgs.com

根据案例 5-2 描述，需要创建两条主机记录（A 记录），将公司 Web 服务器域名 www.xgs.com 解析成 IP 地址 192.168.110.10，将公司 FTP 服务器域名 ftp.xgs.com 解析成 IP 地址 192.168.110.9。还应该创建两条邮件交换器记录，将 xgs.com 解析成 serA.xgs.com 和 serB.xgs.com，其中 serA.xgs.com 的优先级高于 serB.xgs.com。下面进行任务实施。

第一步，在新建的正向查找区域右击 xgs.com，选择"新建主机（A 或 AAAA）"，如图 5-30 所示。

图 5-30 创建主机记录

第二步,进入"新建主机"窗口,在名称中输入 www,IP 地址是 Web 服务器的地址 192.168.110.10。单击"添加主机"按钮,在出现的窗口中单击"确定"按钮,如图 5-31 所示。

图 5-31　设置主机参数

第三步,在正向查找区域中为其他服务器添加主机记录,采用相同的步骤创建 ftp.xgs.com 记录,IP 地址是 192.168.110.9,单击"添加主机"按钮,如图 5-32 所示。

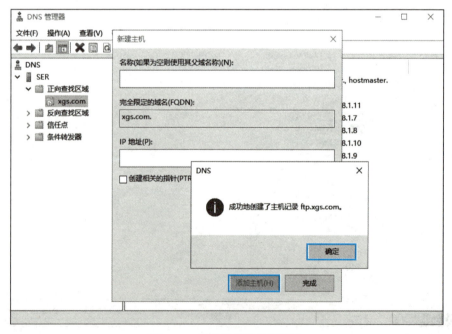

图 5-32　创建其他的主机记录

第四步，接下来为该区域创建邮件交换记录，邮件交换记录用于指明本区域的邮件服务器。在正向解析区域的 xgs.com 区域右击，选择"新建邮件交换器（MX）"，如图 5-33 所示。

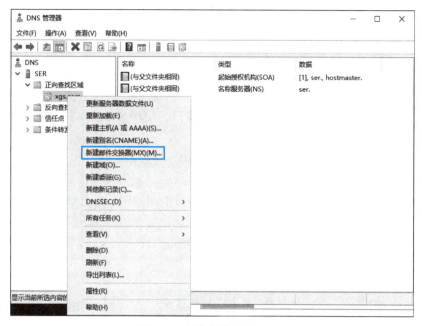

图 5-33　创建邮件交换记录 1

第五步，在"新建资源记录"中，主机或子域不需要填写。单击"浏览"按钮，找到区域中的邮件服务器 serA，设置邮件服务器的优先级为 10。MX 记录的优先级数字越小，代表该邮件服务器的优先级越高，如图 5-34 所示。

第六步，采用相同的步骤添加 serB 的邮件交换器记录，将优先级设置为 10。单击"确定"按钮，如图 5-35 所示。

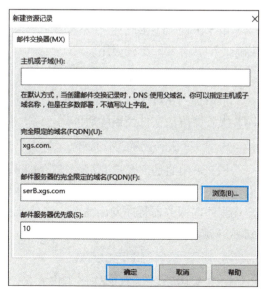

图 5-34　创建邮件服务器参数　　　　图 5-35　创建邮件交换记录 2

这时，全部资源记录创建完成。

3. 创建反向查找区域

DNS 反向查找区域的实现过程和正向查找区域相同，这里简略介绍。

第一步，打开"DNS 管理工具"，在左侧的"反向查找区域"上右击，在弹出的快捷菜单中选择"新建区域"。

第二步，进入"新建区域向导"窗口，单击"下一步"按钮。

第三步，进入"区域类型"选择窗口，选择"主要区域"，单击"下一步"按钮。

第四步，进入"反向查找区域名称"设置窗口，使用系统默认的"IPv4 反向查找区域"，单击"下一步"按钮。

第五步，在"网络 ID"中输入 IPv4 的网络 ID 号 192.168.1。

第六步，进入"区域文件"窗口，使用系统默认文件名，单击"下一步"按钮。

第七步，进入"动态更新"设置窗口，选择最下面的"不允许动态更新"，单击"下一步"按钮。

第八步，进入"新建区域向导"完成窗口，单击"完成"按钮。

5.3 FTP 服务器的搭建

FTP 服务器的安装

5.3.1 FTP 服务器概述

1. FTP 服务器的概念

文件传送协议（File Transfer Protocol，FTP）是互联网上用来传输文件的应用层协议。用户通过该协议登录 FTP 服务器，查看服务器上的共享文件，可以从服务器和计算机之间下载或上传文件。它支持对登录用户的身份验证，并且可以设定不同用户的访问权限。

由于 FTP 可以跨平台在不同操作系统（Windows、Linux、macOS 等）之间进行文件传输，FTP 有着广泛的应用。

2. FTP 服务器的应用

可以通过 FTP 服务器在网络上下载和上传文件，或提高文件的共享性，也可以利用 FTP 服务器解决文件传输障碍问题。

3. FTP 服务器的工作原理

FTP 采用的是"客户端/服务器"（Client/Server）工作模式，FTP 服务器用来存储文件，而用户可以使用 FTP 客户端，通过 FTP 协议访问位于 FTP 服务器上的资源。用户通过客户端程序向服务器程序发出命令，服务器程序执行用户所发出的命令，并将执行结果返回到客户端。

4. FTP 服务器的连接方式

FTP 采用的是双 TCP 连接工作方式，也就是通过 FTP 进行文件传输时，它在两台通信的主机之间使用了两条 TCP 连接，一条是数据连接，用于数据传送；另一条是控制连接，用于传送控制信息（命令和响应）。FTP 控制连接负责客户端与服务器之间交互 FTP 控制命令和应答信息，在整个 FTP 会话过程中一直保持打开。FTP 数据连接用于传输数据，负责在客户端与服务器之间进行文件和目录传输，仅在需要传输数据时才建立连接，数据传输完毕后会终止连接。

在 FTP 的数据传输过程中，FTP 服务器数据传输方式既支持主动方式（PORT）也支持被动方式（PASV），主动方式是在建立数据连接的过程中，由服务器主动发起连接；被动方式指的是服务器总是被动接收客户端的数据连接。

FTP 的文件传输模式有两种类型：ASCII 模式（默认的文件传输模式）和二进制流模式（称为图像文件传输模式）。

5. Web 服务器和 FTP 服务器的安装

第一步，启动"服务器管理器"，在"仪表板"中单击"添加角色和功能"标签。

第二步，打开"添加和角色功能向导"窗口，在"开始之前"的窗口中单击"下一步"按钮。

第三步，在安装类型中选择"基于角色或基于功能的安装"，单击"下一步"按钮。

第四步，在"选择目标服务器"窗口中选择"从服务器池中选择服务器"，安装程序会自动检测与显示这台计算机采用静态 IP 地址设置的网络连接，单击"下一步"按钮。

第五步，由于 Windows Server 自带的 FTP 功能，是作为 Web 服务器的一部分存在的，因此需要在"服务器角色"中选择"Web 服务器（IIS）"。

第六步，选择"Web 服务器（IIS）"会自动弹出"添加 Web 服务器（IIS）所需的功能"，单击"添加功能"按钮。

第七步，单击"下一步"按钮继续，在此处选择需要添加的功能，如无特殊需求，此处默认即可。

第八步，单击"下一步"按钮继续，来到"Web 服务器角色"窗口，单击"下一步"按钮。

第九步，在"角色服务"选项中勾选 Web 服务器里所需的角色，找到 FTP 服务器。FTP 服务器下又分了 FTP 服务 和 FTP 扩展两个子功能，选择"FTP 服务器"即可，单击"下一步"按钮继续后，单击"安装"按钮。

第十步，进入"安装进度"窗口，安装过程需要等待一段时间，FTP 服务器角色安装完成后，单击"关闭"按钮。

回到"服务器管理器"界面，可以看到左侧多了一项 IIS。

5.3.2 FTP 服务器的配置

案例 5-3 某公司希望再配置一台新的 Windows 服务器，扮演 Web 服务器的角色，并在此服务器上安装配置 FTP 服务器角色，开启 FTP 服务器功能，可以进行 FTP 服务器安全的设置。

FTP 服务器
的配置

当需要远程连接 Windows 进行文件传输时，可以通过搭建 FTP 站点来实现。

将 FTP 服务器的文件目录存放在 Windows Server 服务器上的 C 盘 FTP 文件夹中，然后创建 FTP 站点，将服务器 IP 和端口号绑定到 FTP 站点，并指定只有通过某一用户才能访问此 FTP 站点。

1. 创建 FTP 站点

第一步，打开"服务器管理器"，在右上角的工具菜单中找到 Internet Information Services（IIS）管理器，打开"IIS 管理器"，单击计算机名展开下拉列表，右击"网站"，选择"添加 FTP 站点"，如图 5-36 所示。

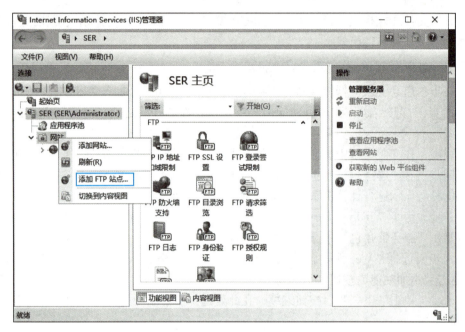

图 5-36　添加 FTP 站点

第二步，在弹出的对话框中输入站点名称 xgsftp，物理路径就是需要共享的目录位置，设置好物理路径，可以提前在 C 盘创建 FTP 文件夹，也可以直接新建 FTP 文件夹，单击"下一步"按钮继续，如图 5-37 所示。

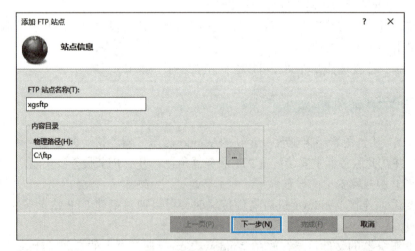

图 5-37　设置 FTP 站点参数

第三步，接下来进入"绑定和 SSL 设置"窗口。设置 FTP 站点的 IP 绑定，绑定的 IP 地址默认情况下全部未分配，端口号 21，这里选择的 IP 地址是要求设置的 192.168.1.10，SSL 这里选择无，单击"下一步"按钮，如图 5-38 所示。

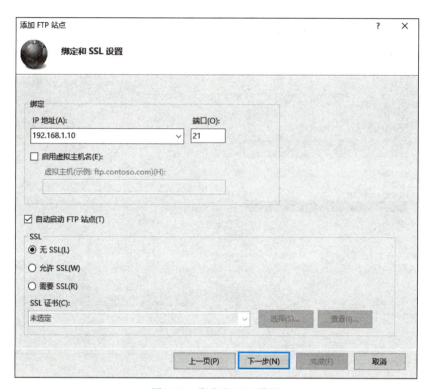

图 5-38　绑定和 SSL 设置

⚠ **注意**：FTP 协议的数据传输是明文传输的，如果需要在对安全性要求较高的环境下使用 FTP，可以借助安全套接层（SSL）或者加密 VPN 来保证 FTP 传输不被窃听。

第四步，设置 FTP 站点的身份验证和授权信息。此处，公司要求在"允许访问"中选择指定角色或用户组，并指定只有通过用户名为 ftpuser 的用户来访问 FTP 站点（这里应提前在 FTP 服务器本地计算机管理中添加用户 ftpuser），并在"权限"部分勾选"读取"和"写入"。如果希望客户端能够匿名访问，则在"身份验证"部分勾选"匿名"选项即可。由于 FTP 的本质是客户端对 FTP 服务器磁盘空间的读取或写入，所以出于安全性考虑，有必要对 FTP 站点进行身份验证，如图 5-39 和图 5-40 所示。

第五步，单击"完成"按钮，FTP 站点搭建完毕。此时，服务器就出现在了网站的位置，并且应该已经处于启动状态，如果是处于停止状态的，可以右击，然后选择"管理 FTP 站点"，单击"启动"按钮，如图 5-41 所示。

FTP 站点搭建完毕，接下来配置客户端访问 FTP 站点。

2. 访问 FTP 站点

任务说明：开启一台 Windows 2012 系统作为客户端，将其 IP 地址配置为与 Web 服务器同一网段（192.168.1.10/100），选择使用 Web 浏览器，分别尝试使用 IP 地址和域名来访问 FTP 站点。

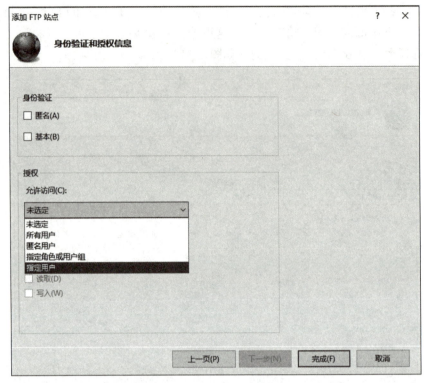

图 5-39　设置身份验证

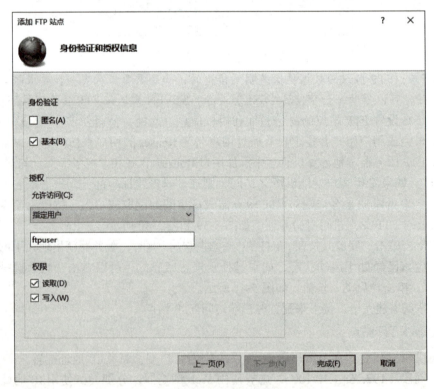

图 5-40　设置授权信息

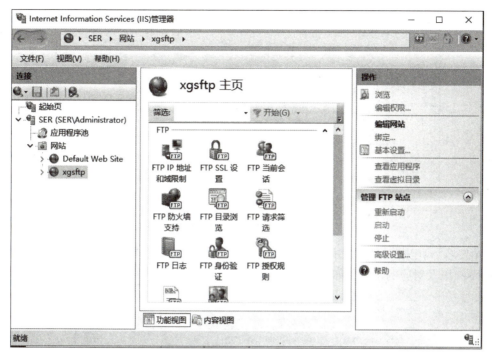

图 5-41 完成站点搭建

可以在客户端浏览器使用 IP 地址访问 FTP 站点，客户端访问 FTP 站点的完整 URL 为 ftp://IP 地址：Web 服务器端口号。此处的 IP 地址为 FTP 服务器绑定 IP，且是当前客户端是路由可达的 IP；端口号为在 IIS 管理器里设置的 FTP 服务器绑定端口，如果是默认端口 21，那么可以省略端口号。

也可以采用域名的方式来访问 FTP 站点。客户端访问 FTP 站点的完整 URL 为 "ftp:// 域名：Web 服务器端口号"。通过这种方式访问 FTP 站点时，客户端首先将域名发送至 DNS 服务器进行解析，需要配置 DNS 服务器，在 DNS 服务器上添加 FTP 域名与 FTP 服务器 IP 地址的映射记录，并且在客户端的 TCP/IP 里配置正确的 DNS 服务器地址。成功解析成 IP 地址后再访问 FTP 站点。所以，此处的域名在客户端上必须能够被成功解析为 FTP 服务器绑定的 IP 地址才能正常访问。

任务的实施过程如下。

第一步，先配置客户端 IP 地址，并测试与 FTP 服务器的连通性，如图 5-42 和图 5-43 所示。

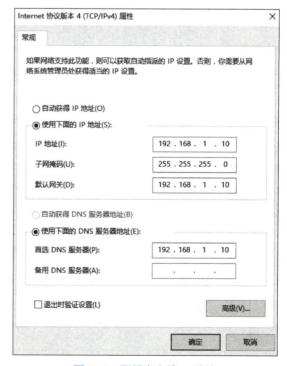

图 5-42 配置客户端 IP 地址

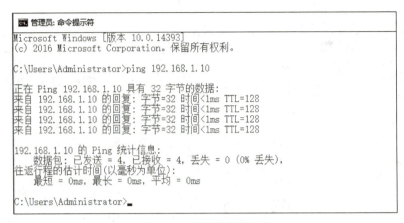

图 5-43 服务器连通测试

第二步，在浏览器中使用 IP 地址访问 FTP 站点：ftp://192.168.1.10，输入正确的用户名 ftpuser 以及对应的密码，如图 5-44 所示。

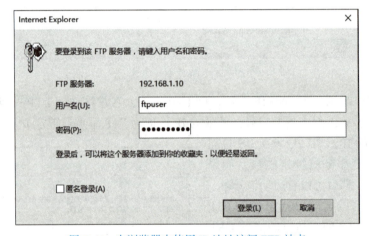

图 5-44 在浏览器中使用 IP 地址访问 FTP 站点

第三步，成功登录并进入 FTP 服务器后，可以查看服务器里的文件目录，可以选择需要的文件进行上传和下载，如图 5-45 所示。

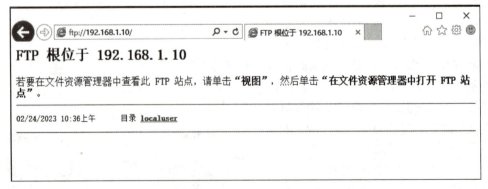

图 5-45 成功登录并进入 FTP 服务器

第四步，如果客户端需要使用域名来访问 FTP 站点，需要在 FTP 服务器上或者选择单独在一台新服务器上安装一台 DNS 服务器。这里，选择将 DNS 服务器安装在 FTP 服务器 192.168.1.10 上，并配置合适的域名解析记录，如图 5-46 所示。

图 5-46　配置域名解析记录

第五步，在客户端上更改 TCP/IP 设置，添加 DNS 服务器地址，并测试域名 xgsftp.com 解析结果，如图 5-47 和图 5-48 所示。

图 5-47　更改 TCP/IP 设置　　　　　　图 5-48　测试解析结果

第六步，在客户端尝试使用域名 URL：ftp://xgsftp.com 来访问 FTP 站点，如图 5-49 所示。

图 5-49　在客户端访问 FTP 站点

5.3.3 FTP 服务器的安全配置

案例 5-4　某公司在 Web 服务器上部署了 FTP 服务器的站点，为了增强 FTP 站点的安全性，网络管理员计划对该网站进行安全加固，并且为了使员工使用一台 FTP 服务器又不会相互影响，开启了用户隔离。

FTP 服务器的安全配置

为确保 FTP 服务器的安全性，需要进行一些基本配置。这些设置在选择 FTP 站点后，出现在右侧显示栏中。

1. 限制访问

禁止非法用户访问，可以确保 FTP 站点的安全防护，要想禁止某台 PC 访问 FTP 服务器，该怎么办呢？最简单的就是，限制 IP 地址。选中创建的 FTP 测试服务器站点，在出现的配置项中，第一个就是 FTP IP 地址和域限制（见图 5-50），通过右侧的操作栏选择添加拒绝条目，这里有特定地址和 IP 地址范围两种指定方式，可以根据需要设置。用 IP 地址限制后，就不能用 FTP 访问服务器了。如果只是查看读取文件，采用这种方式可以确保其安全性。如果有写入权限就需要采用身份验证功能了，如图 5-51 所示。

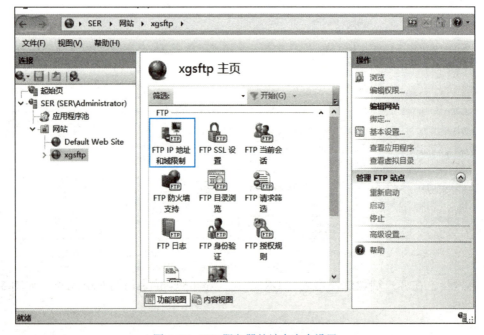

图 5-50　FTP 服务器的站点安全设置

第 5 章　Windows 服务器安全

图 5-51　设置限制访问

2. 身份验证

FTP 测试服务器，身份验证有基本身份验证和匿名身份验证两种形式。默认情况下，匿名用户访问处于开启状态，在这种形式下，任意用户访问 FTP 服务器时，不需要申请合法的账户，就能访问 FTP 服务器，甚至还可以上传和下载文件，对于一些存储重要资料的 FTP 服务器，就很容易出现泄密的情况，存在极大的安全隐患。因此建议用户取消匿名访问功能，启用身份验证。

在 Windows Server 平台下，FTP 服务器身份验证主要有两种：内置身份验证和自定义身份验证。内置身份验证是指使用 Windows 的用户权限管理进行 FTP 用户身份验证；自定义身份验证是指 FTP 服务器本身也配置单独的 FTP 身份验证，由 FTP 服务器来控制用户的读取和写入权限。

3. 禁用匿名访问

禁用匿名访问的设置方法是在右侧出现的配置项中选择"FTP 身份验证"，这里根据实际需求，可以编辑启用基本身份验证，这样禁用匿名身份验证就设置好了，如图 5-52 所示。

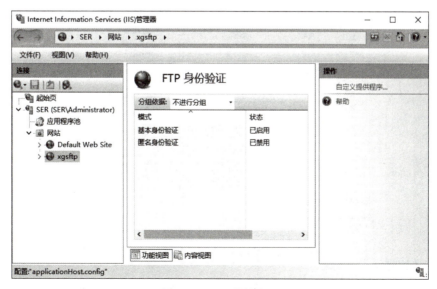

图 5-52　FTP 身份验证

4. 权限设置

每个 FTP 用户账号都具有一定的访问权限，如果对用户权限的设置不合理，可能导致 FTP 服务器出现安全隐患。这里设定匿名用户可以读取服务器上的文件，而使用用户名和密码登录的用户可以读取也可以上传文件。

设置权限的方法是在出现的配置项中右击"FTP 授权规则"，选择"添加允许规则"，如图 5-53 和图 5-54 所示，在弹出的窗口中可以选择要更改的角色及权限，单击"确定"按钮，这里根据实际需求设置合适的权限。

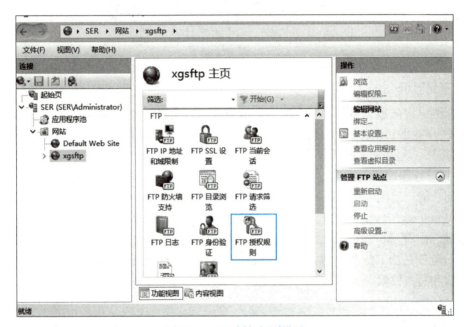

图 5-53　FTP 授权规则设置

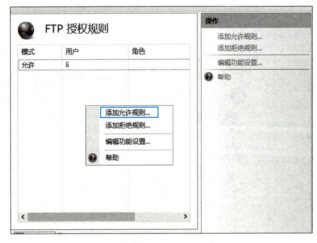

图 5-54　添加 FTP 授权规则

5. 日志设置

日志是排查网站安全事件，记录网站访问历史的重要方法。Windows 日志记录着系统运行的一切信息,但很多时候为了节省服务器资源,禁用了 FTP 服务器日志记录功能,这是不可行的。FTP 服务器日志记录着所有用户的访问信息,如访问时间、客户端 IP 地址、使用的登录账户等,这些信息对于 FTP 服务器的稳定运行十分重要,一旦服务器出现问题,就可以通过查看 FTP 日志,找到故障的原因,及时解决问题。因此一定要启用 FTP 日志记录。

启动日志设置的方法是在出现的配置项中选择"FTP 日志",进行日志的设置,选择要记录的信息,这样就可以在"事件查看器"中查看 FTP 日志记录了。

打开 IIS 管理器,选中左侧"网站"→ xgsftp,双击"FTP 日志",开始启用、配置日志记录,如图 5-55 所示。

图 5-55　FTP 日志设置

6. 配置 FTP 站点用户隔离

在案例 5-4 描绘的案例场景中,随着公司的 FTP 服务器的启用,在运行过程中,接到了许多用户的投诉,他们上传的文件总是被其他用户修改或删除。该如何配置才能让所有用户共同使用一台 FTP 服务器而又不会相互影响呢?答案就是使用用户隔离。用户隔离是 FTP 服务器安全性的配置。在 FTP 服务器上配置用户隔离后,当不同的用户登录后,会看到不同的文件目录,这些文件目录之间是相互隔离的,每个用户的操作只在自己的目录内部起作用,不会影响其他用户的目录下的文件。

在完成配置客户端访问 Web 和 FTP 站点的基础上,接下来设置 FTP 站点的用户隔离。

设置两个用户 zh 和 ls,在 FTP 服务器上实现用户隔离,如图 5-56 所示。

先规划用户 FTP 站点目录结构:在 FTP 站点的主目录下(这里以 C 盘 FTP 文件夹为主目录),创建一个名为 LocalUser 的子文件夹,然后在 LocalUser 文件夹下创建两个与用户账户一一对应的个人文件夹。如果允许用户使用匿名方式登录用户隔离模式的 FTP 站

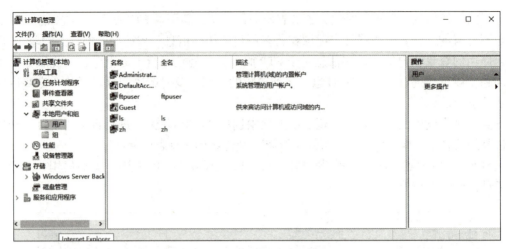

图 5-56　添加用户

点，则必须在 LocalUser 文件夹下创建一个名为 Public 的文件夹。这样匿名用户登录以后，就可进入 Public 文件夹进行读写操作了。

⚠ **注意**：FTP 站点主目录下的子文件夹名称必须为 localUser，且在其下创建的用户文件夹必须跟相关的用户账户使用完全相同的名称，否则将无法使用该用户账户登录，如图 5-57 所示。

图 5-57　规划用户 FTP 站点目录结构

具体操作步骤如下。

第一步，打开 IIS 管理器，选中左侧网站 xgsftp，右侧窗口中双击 "FTP 用户隔离"，打开 FTP 用户隔离设置界面，单击右侧 "应用" 生效配置（配置用户隔离可能需要重启 IIS 才能生效），如图 5-58 所示。

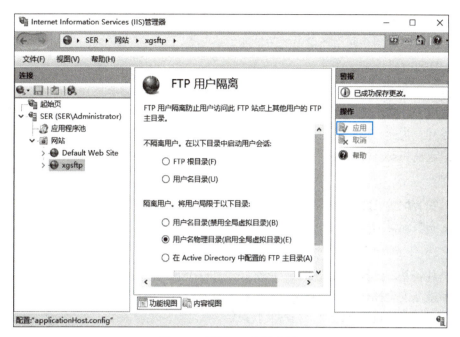

图 5-58 设置 FTP 用户隔离

第二步，在客户端分别使用 zh 和 ls 两个 FTP 账户登录后，看到的目录是不一样的，说明已经实现用户隔离，如图 5-59 和图 5-60 所示。

图 5-59 查看 zh 用户目录

图 5-60 查看 ls 用户目录

5.4 Windows 服务器安全配置实验

1. 实验目的

（1）提高操作系统服务器的安全性。

（2）掌握基本的安全加固技巧。

（3）增强服务器在网络环境中的防护能力。

2. 实验背景

2021 年，国内一家企业发现，随着业务的发展，越来越需要搭建一个安全稳定的文件传输系统，以便于员工之间进行文件共享和数据传输，以此来保障企业工作的正常运转和效率提升。为此，该企业需要搭建一个 FTP 服务器，并配置 DHCP 和 DNS 服务以确保网络的稳定性和安全性。

3. 实验内容

（1）安装配置 FTP 服务器。

（2）安装配置 DHCP 与 DNS 服务器。

4. 实验要求

（1）具备基础的操作系统知识、网络知识和安全意识。

（2）遵循安全操作规范，确保实验过程不会对现有网络环境造成影响。

（3）记录实验过程和结果，编写实验报告。

5. 实验环境

实验使用系统为 Windows Server 2016。

6. 实验步骤

步骤 1：安装配置 FTP 服务器

（1）安装 FTP 服务器。在 Windows Server 上，打开"服务器管理器"，单击"添加角色和功能"标签，选择"Web 服务器（IIS）"和"FTP 服务器"进行安装，如图 5-61 所示。

图 5-61　服务器安装设置

第 5 章　Windows 服务器安全

（2）创建 FTP 站点。在 IIS 管理器中，右击"站点"，选择"添加 FTP 站点"。设置站点名称、路径和绑定信息。配置身份验证和授权规则，确保只有授权用户可以访问，如图 5-62 所示。

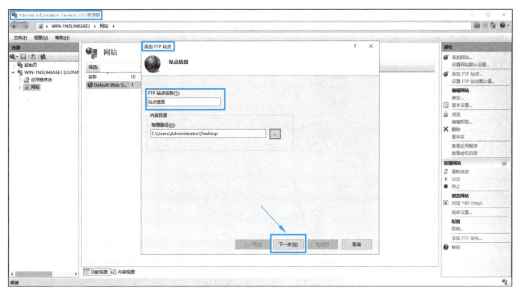

图 5-62　FTP 站点信息设置

（3）安全加固 FTP 站点。启用 SSL/TLS 加密，保护数据传输的安全性。限制用户上传和下载的文件类型，防止恶意文件上传。开启用户隔离，确保用户只能访问自己的目录。

步骤 2：创建管理组

（1）进入"计算机管理"窗口，如图 5-63 所示。

图 5-63　计算机管理设置

（2）在"计算机管理"窗口中展开"系统工具"下的"本地用户和组"。在"本地用户和组"下创建新的管理组，右击"组"文件夹，选择"新建组"，如图 5-64 所示。

图 5-64　选择"新建组"

（3）在弹出的"新建组"窗口中输入组名、描述，并根据需要选择组的作用域。单击"添加"按钮，将需要加入该管理组的用户账户添加到成员列表中。确认信息无误后，单击"创建"按钮，完成新管理组的创建，如图 5-65 所示。

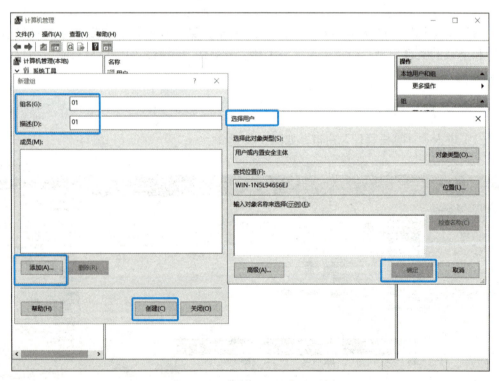

图 5-65　新管理组创建设置

（4）根据企业的安全策略和业务需求分配管理组权限，为新创建的管理组分配适当的文件系统权限、服务权限或其他安全设置。这可能涉及编辑安全策略、修改文件共享权限或配置特定的服务设置。

7. 实验结果与验证

结果显示，成功创建了本地用户账户，并设置了密码。配置了账户密码策略，提高了密码的安全性。创建了用户组，并将用户添加到组中，为用户分配了相应的权限。通过实际操作，验证了实验的正确性和有效性。

◆ 课 后 习 题 ◆

一、选择题

1. 管理员在 Windows Server 2016 的 DHCP 服务器中创建了一个作用域，该作用域的目的是（　　）。

A. 为网络上的所有客户端分配 IP 地址
B. 限制 DHCP 服务器可以分配的 IP 地址范围
C. 监控 DHCP 服务器的性能和状态
D. 管理 DHCP 服务器的用户和权限

2. 在 Windows Server 2016 的 DHCP 服务器中，（　　）允许管理员为特定的客户端保留特定的 IP 地址。

A. 作用域选项 B. 保留选项
C. 服务器选项 D. 类别选项

3. 以下关于 Windows Server 2016 中 DNS 服务器的说法，（　　）是正确的。

A. DNS 服务器只能解析内部网络的域名
B. DNS 服务器必须与其他 DNS 服务器一起使用
C. DNS 服务器可以缓存已解析的域名，以提高查询速度
D. DNS 服务器只能使用静态 IP 地址

4. 在 Windows Server 2016 中，管理员（　　）配置 DNS 服务器以支持内部网络的域名解析。

A. 在 DNS 服务器上创建正向查找区域
B. 在 DNS 服务器上启用防火墙规则
C. 将所有客户端的默认网关设置为 DNS 服务器的 IP 地址
D. 使用 Active Directory 集成 DNS 服务器

5. 在 Windows Server 2016 中，FTP 服务器主要用于（　　）。

A. 提供网络共享服务 B. 在网络上传输文件
C. 管理网络中的用户和权限 D. 提供远程桌面连接

6. 在 Windows Server 2016 的 FTP 服务器中，（　　）用于定义客户端访问 FTP 站点时使用的身份验证方法。

A. FTP 站点名称 B. 物理路径
C. 身份验证方法 D. IP 地址和端口

二、简答题

1. 描述 DHCP 服务器在网络中的作用。
2. 简述 DNS 服务器的主要功能。
3. 正向查找区域和反向查找区域的区别有哪些？
4. 如何增强 DNS 服务器的安全性？
5. 列举至少三项增强 Windows FTP 服务器安全性的措施。

第 6 章

Linux 账户安全

本章导读

Linux 系统管理员需严格划分用户权限，以确保访问资源的安全性，因此管理员应熟悉用户账户文件、影子密码文件以及组账户文件。同时，为确保用户账户和密码的安全，管理员需制定相关策略，限制使用弱密码。用户密码应具备一定安全强度，并定期进行修改，禁止使用前期密码，同时限制密码尝试登录次数。

学习目标

知识目标	• 了解 Linux 用户与组的基本概念，能够说出用户和组的对应关系； • 掌握 password 用户账户文件和 shadow 用户影子密码文件的作用和字段含义； • 熟悉组账户文件 group 和 gshadow，能够说出文件作用和字段含义； • 掌握 Linux 账户密码安全配置方法，能够说出账户密码安全配置方法。
技能目标	• 掌握 password 用户账户文件和 shadow 用户影子密码文件查看方法，能够查看用户和密码的相关信息； • 熟悉账户文件 group 和 gshadow 文件查看方法，能够查看组名称、组密码相关信息； • 掌握 Linux 账户密码安全配置方法，能够使用命令增加账户、修改账户信息、修改账户密码、修改账户密码状态。 • 熟悉密码安全措施，能够设置密码复杂度、密码不能够重复次数、尝试登录失败错误次数等。

6.1 Linux 账户信息的关键文件

Linux 账户信息的关键文件

6.1.1 Linux 账户与组基本概念

在 Linux 系统中，每一个文件和程序都归属于一个特定的"用户"。每一个用户都由一个唯一的身份来标识，这个标识就叫作用户 ID（UserID，UID）。每一个用户也至少需要属于一个"用户分组",即由系统管理员创建的用户小组,这个小组中包含着许多系统用户。与用户一样,用户分组也是由一个唯一的身份来标识的,该标识就叫作用户分组ID(GroupID,GID)。

在 Linux 中,用户和组有下列 4 种对应关系。

(1)一对一关系,某个用户可以是某个用户组的唯一成员。

(2)多对一关系,多个用户可以是某个用户组的成员,不归属于其他用户组。

(3)一对多关系,某个用户可以是多个用户组的成员。

(4)多对多关系,多个用户对应多个用户组,并且几个用户可以归属相同的组。

Linux 每个用户的权限可以被定义为普通用户和根用户(root)。普通用户只能访问其拥有的或有权限执行的文件。根用户能够访问系统全部的文件和程序,而不论根用户是不是这些文件或程序的所有者。根用户通常也被称为"超级用户",其权限是系统中最大的,可以对任意文件进行增加、删除、修改等操作。

6.1.2 password 用户账户文件

/etc/passwd 文件是 Linux 安全的关键文件之一,属于系统用户配置文件,该文件包含了系统上所有用户的账户信息。如果这个文件被修改或破坏,可能会对系统的安全性产生严重影响。因此,只有超级用户(root)才能修改这个文件。每个用户的一行用户账户文件记录格式如下:

```
username:password:UID:GID:comment:home_directory:shell
```

其中,每个字段的具体含义如下:

- username:用户的登录名;
- password:用户的加密密码,现在一般用 * 或 x 表示,实际上,这个字段是用于存储加密密码的,但是由于安全原因,这个字段在 /etc/passwd 文件中通常不包含真正的密码,而是包含一个指示密码在 /etc/shadow 文件中的索引;
- UID:用户的用户 ID,是一个唯一的数字标识符,用于标识用户;
- GID:用户的组 ID,是一个唯一的数字标识符,标识用户所属的主要用户组;
- comment:用户描述字段,通常存储用户的全名或其他注释信息;
- home_directory:用户的主目录路径,是用户登录后自动进入的目录;
- shell:用户登录后默认使用的 shell,是用户与系统交互的主要工具。

```
root:x:0:0:root:/root:/bin/bash
bin:x:1:1:bin:/bin:/sbin/nologin
daemon:x:2:2:daemon:/sbin:/sbin/nologin
adm:x:3:4:adm:/var/adm:/sbin/nologin
lp:x:4:7:lp:/var/spool/lpd:/sbin/nologin
sync:x:5:0:sync:/sbin:/bin/sync
shutdown:x:6:0:shutdown:/sbin:/sbin/shutdown
halt:x:7:0:halt:/sbin:/sbin/halt
mail:x:8:12:mail:/var/spool/mail:/sbin/nologin
operator:x:11:0:operator:/root:/sbin/nologin
games:x:12:100:games:/usr/games:/sbin/nologin
ftp:x:14:50:FTP User:/var/ftp:/sbin/nologin
nobody:x:99:99:Nobody:/:/sbin/nologin
dbus:x:81:81:System message bus:/:/sbin/nologin
polkitd:x:999:998:User for polkitd:/:/sbin/nologin
```

图 6-1 passwd 文件内容

这个文件的每一行保存一个用户资料,而用户资料的每一个字段都采用冒号(:)进行分隔,使用 vi 命令查看 /etc/passwd 文件,可以看到如图 6-1 所示的完整的用户账号文件。

在安全检查中需要着重注意该文件的权限,默认情况下,/etc/passwd 权限为 0644。可以使用命令 stat /etc/passwd 进行检查,如图 6-2 所示。如果该文件的权限和属主发生了变化,则可能代表发生了异常情况(如误操作或入侵事件),

第 6 章 Linux 账户安全

```
[root@localhost 桌面]# stat /etc/passwd
  文件: "/etc/passwd"
  大小: 1908        块: 8          IO 块: 4096   普通文件
设备: fd00h/64768d   Inode: 35756756    硬链接: 1
权限: (0644/-rw-r--r--)  Uid: (    0/    root)   Gid: (    0/    root)
环境: system_u:object_r:passwd_file_t:s0
最近访问: 2022-09-25 21:37:06.168000108 +0800
最近更改: 2020-09-05 12:03:14.483016591 +0800
最近改动: 2020-09-05 12:03:14.486016591 +0800
```

图 6-2　检查 passwd 文件权限

需引起注意。

6.1.3 shadow 用户影子密码文件

恶意用户如果获取了 /etc/passwd 文件后，便极有可能破解口令。因此，针对这种安全问题，Linux/UNIX 广泛采用了 shadow（影子）文件机制，将密码转移到 /etc/shadow 文件里，该文件只有超级用户可以读取，同时 /etc/passwd 文件的密码字段显示为一个 x，从而最大限度地减少了密码泄露的机会。影子密码文件中的每一行表示一个用户账户的信息，字段用冒号分隔。每一行格式如下：

```
username:passwd:lastchg:min:max:warn:inactive:expire:flag
```

其中，每个字段的具体含义如下：
- username：用户登录名；
- passwd：这是经过加密的密码，用于验证用户的身份，是不可逆的，也就是说，不能从加密的密码反向得到原始密码；
- lastchg：这是从 1970 年 1 月 1 日 00:00:00 UTC 开始计算的天数，表示用户最后一次修改密码的时间；
- min：表示用户在两次修改密码之间至少需要等待的天数；
- max：密码有效期，即密码在最多多少天内仍有效；
- warn：系统会在用户需要修改密码之前，提前向用户发出警告，这个字段表示从警告开始到密码正式失效之间的天数；
- inactive：如果用户的账户在一段时间内没有活动，系统会禁用这个账户。这个字段表示从账户被禁用开始到账户失效之间的天数；
- expire：表示账户从 1970 年 1 月 1 日开始被禁用的天数；
- flag：一个保留字段，用于将来可能的扩展。

使用 cat 命令查看 /etc/shadow 文件，可以看到如图 6-3 所示的完整的信息。

```
[root@localhost 桌面]# cat /etc/shadow
root:$6$1vIufIzmWaW6REm2$ARZbjt8lvavS9XjIOxGzgtXOhcURmeqLzb6XH2oCmDChFJD2VXnM3kH
YWzijW2F4vw64CQbLugzEjiKwo4z9W1:18510:0:99999:7:::
bin:*:16141:0:99999:7:::
daemon:*:16141:0:99999:7:::
adm:*:16141:0:99999:7:::
lp:*:16141:0:99999:7:::
sync:*:16141:0:99999:7:::
shutdown:*:16141:0:99999:7:::
halt:*:16141:0:99999:7:::
mail:*:16141:0:99999:7:::
```

图 6-3　影子密码文件内容

6.1.4 组账户文件 group 和 gshadow

组账户文件 group 是 Linux 系统中用于存储用户组的文件。这个文件包含了系统中所有用户组的信息，包括组名称、组密码、组成员等。

在 Linux 系统中，每个用户都属于一个或多个用户组。用户组的概念可以帮助管理员对用户进行分类管理，如为特定组的用户赋予相同的权限或共享资源。组账户文件 group 的每一行都包含了一个组的记录，每个记录包含了以下字段：

- 组名称：组的唯一标识符，通常是一个字符串；
- 组密码：组的加密密码，用于验证组成员的身份；
- 群组 ID（GID）：必须为每个用户分配一个群组 ID；
- 组成员：组成员的列表，用空格分隔。

⚠ 注意：组账户文件 group 是只读的，不能直接修改。如果要修改组的信息，需要使用相应的命令进行操作。使用 cat 命令查看 group 文件，可以看到如图 6-4 所示的相关信息。

组账户文件 gshadow 是 Linux 系统中用于存储组账户密码信息的文件。这个文件包含了系统中所有组的密码信息，包括组名称、组密码、组管理员等。

与用户账户文件 passwd 类似，组账户文件 group 存储了组账户的基本信息，包括组名称、GID、组成员等。组账户文件 gshadow 则存储了组账户的加密密码信息和其他相关配置信息。组账户文件 gshadow 的每一行都包含了一个组的记录，每个记录包含了以下字段：

- 组名称：组的唯一标识符，通常是一个字符串；
- 组密码：组的加密密码，用于验证组管理员的身份；
- 组管理员：组的超级用户管理员的名称，可以是一个或多个用户名，用逗号分隔；
- 组附加用户列表：附加到该组的用户的列表，可以是一个或多个用户名，用逗号分隔。

⚠ 注意：组账户文件 gshadow 是只读的，不能直接修改。如果要修改组的信息，需要使用相应的命令进行操作。同时，由于该文件存储了加密密码信息，因此只有 root 用户才能访问和修改该文件。gshadow 文件内容如图 6-5 所示。

```
root:x:0:
bin:x:1:
daemon:x:2:
sys:x:3:
adm:x:4:
tty:x:5:
disk:x:6:
lp:x:7:
mem:x:8:
kmem:x:9:
wheel:x:10:user
cdrom:x:11:
mail:x:12:postfix
```

图 6-4 group 文件内容

```
root:::
bin:::
daemon:::
sys:::
adm:::
tty:::
disk:::
lp:::
mem:::
kmem:::
wheel:::user
cdrom:::
mail:::postfix
man:::
dialout:::
floppy:::
games:::
```

图 6-5 gshadow 文件内容

6.1.5 优化 Linux 账户安全实验

1. 实验目的

（1）学习如何优化 Linux 账户安全。
（2）掌握 Linux 账户密码策略。
（3）掌握 Linux 用户权限管理方法。

2. 实验背景

GlobalTech 是一家专注于提供高端技术服务的公司，十分关注公司内部网络和数据安全。最近，该公司的 Linux 服务器频繁遭遇未授权访问尝试，某位公司员工在检查服务器日志时发现多次未成功的登录尝试，这让公司的信息安全团队立刻警觉了起来，他们决定采取行动加强账户安全策略。

3. 实验内容

（1）设置强密码策略，限制用户登录失败次数。
（2）控制用户权限，使用多因素身份验证（MFA）。

4. 实验要求

（1）熟悉 Linux 系统的基本操作。
（2）了解密码策略、用户权限管理等基本概念。
（3）具备一定的 Linux 命令行操作能力。

5. 实验环境

实验使用环境为 CentOS 7.4。

6. 实验步骤

步骤 1： 设置强密码策略

（1）编辑 /etc/login.defs 文件，设置密码最小长度、最大失败登录次数等参数。
（2）使用 grep 命令查看当前设置的参数。

```
sudo vi /etc/login.defs
grep -E "^PASS_MIN_LEN|^FAILED_LOGIN_ATTEMPTS" /etc/login.defs
```

步骤 2： 限制用户登录失败次数

（1）编辑 /etc/pam.d/common-auth 文件，添加以下内容：

```
auth required pam_tally2.so deny=5 unlock_time=900
```

（2）使用 grep 命令查看当前设置的参数，命令如下：

```
grep -E "^auth.*pam_tally2.so" /etc/pam.d/common-auth
```

步骤 3：控制用户权限

（1）创建一个新的用户组，例如 security。
（2）将需要限制权限的用户添加到该组中。
（3）使用 chgrp 命令更改文件或目录的所属组。

```
sudo groupadd security
sudo usermod -aG security username
sudo chgrp -R security /path/to/directory
```

步骤 4：使用多因素身份验证

（1）安装并配置 Google Authenticator 或其他支持 MFA 的工具。
（2）编辑 /etc/pam.d/common-auth 文件，添加以下内容：

```
auth required pam_google_authenticator.so
```

（3）使用 grep 命令查看当前设置的参数，命令如下：

```
grep -E "^auth.*pam_google_authenticator.so" /etc/pam.d/common-auth
```

7. 实验结果与验证

实验结果：通过实施上述安全措施，GlobalTech 公司成功提高了 Linux 账户的安全性，减少了未授权访问尝试，并且整个公司的安全意识得到了显著提升。

验证：检查 /etc/login.defs 文件中的密码策略设置是否正确，使用 grep 命令查看 /etc/pam.d/common-auth 文件中的登录失败限制设置，检查用户组设置是否正确以及文件或目录的所属组是否已更改，使用 grep 命令查看 /etc/pam.d/common-auth 文件中的 MFA 设置。

6.2　Linux 账户密码的安全配置

Linux 账户密码的安全配置

6.2.1　增加账户

在 Linux 系统中，添加用户的命令有 useradd 和 adduser 两个，这两个命令所达到的目的和效果都是一样的。除了 useradd 和 adduser 命令外，用户还能通过修改用户配置文件 /etc/passwd 和 /etc/group 来添加用户。

useradd 命令用于在 Linux 系统中创建新的用户账户，是 Linux 系统中管理员进行用户管理的重要工具之一。通过使用 useradd 命令，管理员可以方便地创建新用户，并对其进行基本的配置和管理。

useradd 命令的基本语法如下：

```
useradd  [选项]  [用户名]
```

其中，用户名是要创建的用户账户的名称。useradd 命令有许多可选参数，这些参数用于指定新用户的各种属性，如密码、UID、GID 等。下面是一些常用的 useradd 命令选项：

- -c：指定用户的备注信息；
- -d：指定用户登录时的主目录；
- -e：指定用户账户的失效日期；
- -f：指定用户的密码过期时间；
- -g：指定用户所属的群组；
- -G：指定用户所属的附加群组；
- -m：创建用户的主目录；
- -M：不要自动创建用户的主目录；
- -p：为用户设置密码；
- -s：指定用户登录后使用的 shell；
- -u：指定用户的 ID。

除了这些选项外，useradd 命令还有一些其他的参数和选项，可以用来进行更高级的用户管理操作。

⚠ 注意：useradd 命令需要 root 权限才能执行。例如，要想增加一个新的用户 test1，可以使用以下命令：

```
[root@localhost ~]=#useradd test1
```

6.2.2 修改账户信息

利用 useradd 命令添加用户时，如果不小心弄错用户信息，后期如何修改呢？可以使用 usermod 命令来修改用户的账户。这里一定要分清 useradd 命令和 usermod 命令的区别，前者用于添加用户，添加时可以对用户信息进行自定义；后者针对已存在的用户，使用该命令可以修改用户信息。

usermod 命令用于修改现有用户账户的属性。它可以修改用户的各种属性，如密码、UID、GID、主目录等。

usermod 命令的基本语法如下：

```
usermod ［选项］ ［用户名］
```

usermod 命令有许多可选参数，这些参数可以用来指定需要修改的属性。usermod 命令也需要 root 权限才能执行。下面是一些常用的 usermod 命令选项：

- -c：修改用户的备注信息；
- -d：修改用户登录时的目录；
- -e：修改用户账户的有效期限；
- -f：修改密码在过期后多少天即关闭该账户；
- -g：修改用户所属的群组；

- -G：设置用户所属的附加群组；
- -l：修改用户的账户名称；
- -L：锁定用户密码，使密码无效。

例如，要想修改用户 test1 的用户名为 test2，可以使用以下命令，如图 6-6 所示。

```
[root@localhost ~]# usermod -l test2 test1
[root@localhost ~]# su test1
su: user test1 does not exist
[root@localhost ~]# su test2
```

图 6-6　修改用户 test1 的用户名

6.2.3　修改账户密码

Linux 系统中的每一个用户除了有其用户名外，还有其对应的用户密码。因此使用 useradd 命令添加账户时，还需要 passwd 命令为每一位新添加的用户设置密码，否则无法用来登录系统，用户以后还可以随时使用 passwd 命令改变用户的密码。

passwd 命令的基本语法如下：

```
passwd ［选项］［用户名］
```

其中，用户名是指可选的，如果不指定用户名，则默认修改当前用户的密码。下面是一些常用的 passwd 命令选项参数：

- -d：删除用户的密码；
- -w：密码要到期提前警告的天数；
- -l：锁定用户的密码；
- -S：显示密码信息；
- -u：启用已被停止的用户；
- -x：指定密码最长有效时限；
- -i：密码过期后多少天停用账户。

⚠ 注意：只有具备 root 权限的用户才能修改其他用户的密码。普通用户只能修改自己当前用户的密码。例如，想要修改 test2 用户密码，可以使用以下命令：

```
[root@localhost ~] #passwd test2
```

6.2.4　修改账户密码状态

除了可以使用 passwd -S 命令查看用户的密码信息外，还可以利用 chage 命令。该命令可以显示更加详细的用户密码信息，并且和 passwd 命令一样，提供了修改用户密码信息的功能。那么，既然直接修改用户密码文件的方法更方便，为什么还要讲解 chage 命令呢？因为 chage 命令除了修改密码信息的功能外，还可以强制用户在第一次登录后必须先修改密码，并利用新密码重新登录系统，才能正常使用。在 Linux 中，chage 命令用于密码的失效管理，用来修改账户和密码的有效期限。只有 root 用户才可以使用

chage 命令。

chage 命令的基本语法如下：

```
chage [选项] [用户名]
```

下面是一些常用的 chage 命令选项参数：
- -d：将最近一次密码设置时间设为 LAST_DAY，LAST_DAY 可以是距离 1970 年 1 月 1 日后的天数，也可以是 YYYY-MM-DD 格式的日期，如果 LAST_DAY 为 0 表示用户在下次登录时必须更改密码；
- -l：列出用户密码的有效期；
- -m：设置用户密码修改间隔的最小天数；
- -M：设置用户密码修改间隔的最大天数；
- -w：设置用户密码过期前的警告天数；
- -E：修改账号失效日期。

例如，要设置用户的密码修改时间间隔为 90 天，至少 7 天后才能修改密码，可以使用以下命令：

```
[root@localhost ~] #chage -M 90 -m 7 test2
```

6.2.5 密码安全

1. 密码复杂度设定

在 Linux 系统中，设置密码强度也是安全领域中十分重要的环节。密码必须符合复杂度要求，由字母、数字、特殊字符组成。密码复杂度设定包含两种方法：第一种可以使用 authconfig 命令实现；第二种可以通过修改 /etc/pam.d/system-auth 文件内容来实现。

authconfig 命令的使用语法如下：

```
authconfig [选项]
```

选项中密码复杂度设定包含以下内容：
- --passminlen=<number>：设置最小密码长度；
- --passminclass=<number>：设置密码最小字符类型数；
- --passmaxrepeat=<number>：设置密码每个字符重复的最大数；
- --passmaxclassrepeat=<number>：设置密码中同一类的最大连续字符数；
- --update：更新设置到配置文件中。

密码复杂度也可通过修改文件 /etc/pam.d/system-auth 的内容来实现，/etc/pam.d/system-auth 文件属于 Linux 的 PAM 认证系统中的 cracklib 模块，该模块能提供额外的密码检测能力，system-auth 文件包含 4 个组件，它们是 auth、account、session、password。auth 组件用来对用户的身份进行识别；account 组件用于对账户的各项属性进行检查；session 组件用来定义用户登录前及用户退出后要进行的操作；password 组件用于使用用户信息进行更新。

为实现密码复杂度，需使用 vim 命令修改 system-auth 文件中的 password 和 pam_pwquality.so 字段。

例如，密码包含数字、大写字母、特殊字符、小写字母，最小长度为 8 位，具体操作如图 6-7 所示。

```
account     required      pam_unix.so
account     sufficient    pam_localuser.so
account     sufficient    pam_succeed_if.so uid < 1000 quiet
account     required      pam_permit.so

password    requisite     pam_pwquality.so dcredit=-1 ucredit=-1 ocredit=-1 lcredit=0 minlen=8
password    sufficient    pam_unix.so sha512 shadow nullok try_first_pass use_authtok
password    required      pam_deny.so

session     optional      pam_keyinit.so revoke
session     required      pam_limits.so
-session    optional      pam_systemd.so
session     [success=1 default=ignore] pam_succeed_if.so service in crond quiet use_uid
session     required      pam_unix.so
```

图 6-7　密码复杂度设定

其中，添加字段含义如下：
- minlen = 8 表示密码最小长度为 8；
- lcredit = -1 表示密码必须至少包含一个小写字母；
- ucredit = -1 表示密码必须至少包含一个大写字母；
- dcredit = -1 表示密码必须至少包含一个数字；
- ocredit = -1 表示密码必须至少包含一个特殊字符。

2. 定期修改密码

强制用户必须在一定时期内修改密码，也是一种常见的保证密码安全的方式。要实现该功能，需要通过 vim 命令修改 /etc/login.defs 中的以下几个参数来实现。

例如，密码最长有效期为 30 天，最短有效期为 1 天，密码最小长度 8 位，密码失效前 7 天，在用户登录时通知用户修改密码，具体操作如图 6-8 所示。

```
#QMAIL_DIR      Maildir
MAIL_DIR        /var/spool/mail
#MAIL_FILE      .mail

# Password aging controls:
#
#       PASS_MAX_DAYS   Maximum number of days a password may be used.
#       PASS_MIN_DAYS   Minimum number of days allowed between password changes.
#       PASS_MIN_LEN    Minimum acceptable password length.
#       PASS_WARN_AGE   Number of days warning given before a password expires.
#
PASS_MAX_DAYS   30
PASS_MIN_DAYS   1
PASS_MIN_LEN    8
PASS_WARN_AGE   7
```

图 6-8　定期修改密码

其中，具体字段含义如下：
- PASS_MAX_DAYS 表示密码最长有效期；
- PASS_MIN_DAYS 表示密码最短有效期；
- PASS_MIN_LEN 表示密码最小长度，推荐密码最小长度为 8 位；

- PASS_WARN_AGE 表示密码失效前多少天在用户登录时通知用户修改密码。

3. 密码不能重复次数

为了防止用户在一段时期内修改密码时重复使用以前的密码，系统管理员可以配置系统记录最近几个密码，在用户修改密码时，系统将检测新密码是不是以前已经使用过的密码，需要通过 vim 命令修改 /ect/pam.d/system-auth 文件。

例如，用户更改的密码就不能设置最近 3 次使用过的密码，在 /ect/pam.d/system-auth 文件中相应行的最后添加 remember=3 字段，其中 3 表示记住最近 3 次密码，操作如图 6-9 所示。

```
#%PAM-1.0
# This file is auto-generated.
# User changes will be destroyed the next time authconfig is run.
auth        required      pam_env.so
auth        sufficient    pam_fprintd.so
auth        sufficient    pam_unix.so nullok try_first_pass
auth        requisite     pam_succeed_if.so uid >= 1000 quiet_success
auth        required      pam_deny.so

account     required      pam_unix.so
account     sufficient    pam_localuser.so
account     sufficient    pam_succeed_if.so uid < 1000 quiet
account     required      pam_permit.so

password    requisite     pam_pwquality.so try_first_pass local_users_only retry=3 authtok_type=
password    sufficient    pam_unix.so sha512 shadow nullok try_first_pass use_authtok remember=3
password    required      pam_deny.so

session     optional      pam_keyinit.so revoke
session     required      pam_limits.so
-session    optional      pam_systemd.so
session     [success=1 default=ignore] pam_succeed_if.so service in crond quiet use_uid
session     required      pam_unix.so
```

图 6-9　设置密码不能重复次数

4. 尝试登录失败错误次数限定

一些攻击性的软件是专门采用暴力破解密码的形式反复进行登录尝试，对于这种情况，可以调整用户登录次数限制，使其密码输入规定次数后自动锁定，并且设置锁定时间，在锁定时间内即使密码输入正确也无法登录。通过 vim 命令修改 /etc/pam.d/sshd 文件。

例如，设置用户登录次数限制为 3 次，如果密码输错 3 次就锁定 5 分钟，如图 6-10 所示。

```
#%PAM-1.0
auth required pam_tally2.so deny=3 lock_time=300 even_deny_root root_unlocktime=10
auth [user_unknown=ignore success=ok ignore=ignore default=bad] pam_securetty.so
auth        substack      system-auth
auth        include       postlogin
account     required      pam_nologin.so
account     include       system-auth
password    include       system-auth
# pam_selinux.so close should be the first session rule
session     required      pam_selinux.so close
session     required      pam_loginuid.so
session     optional      pam_console.so
# pam_selinux.so open should only be followed by sessions to be executed in the user context
session     required      pam_selinux.so open
session     required      pam_namespace.so
session     optional      pam_keyinit.so force revoke
session     include       system-auth
session     include       postlogin
-session    optional      pam_ck_connector.so
```

图 6-10　尝试登录失败错误次数限定

5. 禁止用户随意切换至根用户

在 Linux 中即使拥有系统管理员 root 的权限，也不推荐使用根用户登录。一般情况下用普通用户登录即可，在需要根用户权限执行一些操作时，再登录成为根用户。但如果知道了根用户的密码，就可以通过 su 命令来登录根用户，这无疑为系统带来了安全隐患。为了预防此类安全事件的发生，可以将普通用户加入 wheel 组，这样被加入的普通用户就成了管理员组内的用户，然后设置只有 wheel 组内的成员可以使用 su 命令切换到 root 用户，从而实现禁止用户随意切换至根用户的功能。只需要修改 /etc/pam.d/su 文件即可完成配置，具体如图 6-11 所示。

```
#%PAM-1.0
auth            required        pam_wheel.so group=wheel
auth            sufficient      pam_rootok.so
# Uncomment the following line to implicitly trust users in the "wheel" group.
#auth           sufficient      pam_wheel.so trust use_uid
# Uncomment the following line to require a user to be in the "wheel" group.
#auth           required        pam_wheel.so use_uid
auth            substack        system-auth
auth            include         postlogin
account         sufficient      pam_succeed_if.so uid = 0 use_uid quiet
account         include         system-auth
password        include         system-auth
session         include         system-auth
session         include         postlogin
session         optional        pam_xauth.so
```

图 6-11　禁止用户随意切换至根用户

6.2.6　Linux 系统账户安全管理实验

1. 实验目的

（1）理解 Linux 系统中用户账户的概念及其重要性。
（2）学习如何管理和审核用户账户，提高系统安全性。
（3）掌握密码策略的设置和实施方法。
（4）通过实践操作，增强对 Linux 系统账户安全管理的认识。

2. 实验背景

在 Linux 操作系统中，系统的安全性很大程度上取决于用户账户的管理。不合理的用户权限分配和弱密码策略都可能导致系统遭到非法访问或破坏。2021 年，某企业多个关键系统上的用户账户存在着弱密码现象，且部分过期账户未被及时移除，这直接暴露了企业数据和服务的潜在风险，因此企业决定加强 Linux 系统账户安全管理。

3. 实验内容

（1）创建和管理用户账户。
（2）设置和管理用户密码。
（3）实施密码策略。
（4）使用影子密码文件进行账号安全审核。

4. 实验要求

（1）使用 root 权限执行所有账户管理任务。

（2）严格遵守 Linux 系统中的最小权限原则。
（3）设置合理的密码复杂度并定期更新密码。
（4）记录所有用户活动，以供后续审核使用。

5. 实验环境

实验使用环境为 CentOS 7.4。

6. 实验步骤

步骤 1： 创建新用户账号及设置初始密码

```
sudo adduser newuser
sudo passwd newuser
```

步骤 2： 修改用户账户的密码过期策略

```
sudo chage -M 90 newuser
```

步骤 3： 设定密码复杂度要求

```
password requisite pam_cracklib.so retry=3 minlen=10 difok=3
```

步骤 4： 使用影子密码文件进行账户安全审核

```
sudo cat /etc/shadow | grep 'newuser'
```

步骤 5： 实施账户锁定策略

```
sudo cat /etc/shadow | grep 'newuser'
```

步骤 6： 验证策略生效

尝试使用错误密码登录账号，检查是否被锁定。

7. 实验结果与验证

实验结果：成功创建了一个新用户，并设置了初始密码，用户密码每隔 90 天需要更改，提高了安全性。

验证：通过影子密码文件可以观察到用户的密码信息，便于进行账户安全审核。

◆ 课 后 习 题 ◆

一、选择题

1. 在 Linux 系统中，（　　）用于存储用户账户信息。
　　A. /etc/group　　　B. /etc/passwd　　　C. /etc/shadow　　　D. /var/log/auth.log

2. 在 Linux 系统中，（　　）用于创建用户账户。
   A. useradd　　　　B. adduser　　　　C. createuser　　　　D. newuser
3. 在 Linux 系统中，用户账户的密码信息通常存储在（　　）文件中。
   A. /etc/passwd　　B. /etc/group　　　C. /etc/shadow　　　D. /etc/fstab
4. 将用户添加到特定组中的方法是（　　）。
   A. 使用 usermod 命令的 -g 选项　　　B. 使用 usermod 命令的 -G 选项
   C. 使用 groupmod 命令的 -a 选项　　　D. 使用 groupmod 命令的 -M 选项
5. 在 Linux 系统中，（　　）命令用于切换用户身份。
   A. su　　　　　　B. sudo　　　　　　C. switchuser　　　　D. changeuser
6. 在 Linux 系统中，（　　）命令用于创建新的用户组。
   A. useradd　　　　B. groupadd　　　　C. addgroup　　　　　D. newgroup
7. 在 Linux 系统中，删除一个用户账户的方法是（　　）。
   A. 使用 userdel 命令　　　　　　　　B. 使用 deluser 命令
   C. 使用 removeuser 命令　　　　　　D. 直接删除 /home 目录下的用户目录

二、实操题

1. 创建组与用户
（1）创建一个名为 mygroup 的组。
（2）创建一个名为 myuser 的用户，并将其加入 mygroup 组中。
（3）为 myuser 用户设置密码（如 mypassword）。

2. 设置文件权限
（1）以 myuser 用户的身份登录。
（2）在 /home/myuser 目录下创建两个文件：ex 和 hv。
（3）设置 hv 文件的同组用户为 root。

3. 查看用户信息
（1）查看 /etc/passwd 文件，找到 myuser 用户的信息，并解释各个字段的含义。
（2）查看 /etc/shadow 文件，找到 myuser 用户的密码字段，并解释其含义。

第 7 章

Linux 文件及目录权限

 本章导读

作为 Linux 系统管理员，必须根据工作职责和岗位需求，合理划分用户等级与权限等级。管理员需要熟练掌握文件与目录权限的配置技巧，并能够根据实际需求调整文件或目录的属性，以保障系统数据的安全性和完整性。此外，鉴于 Linux 系统中常规的读、写、执行权限往往难以满足部分用户的特定需求，特殊权限的设置显得尤为重要。这些特殊权限旨在弥补一般权限的局限性，协助无权限用户执行需要 root 权限的任务，从而提升系统的灵活性和效率。

Linux 系统管理员应根据用户需求，熟练掌握 SUID、SGID、Sticky 三种特殊权限的设置，并能够根据需求对访问控制列表进行配置。

 学习目标

知识目标	<ul><li>了解 Linux 文件系统的基本概念，能够说出 Linux 目录结构和功能；</li><li>掌握 Linux 权限概念，能够说出文件或目录三种权限的含义；</li><li>熟悉 Linux 文件及目录的特殊权限，能够说出特殊权限的含义；</li><li>掌握 Linux 访问控制列表方法，能够说出访问控制列表的常见类型。</li></ul>
技能目标	<ul><li>掌握 Linux 权限设置方法，能够更改文件或目录权限、所有者、所属组；</li><li>熟悉 Linux 文件目录隐藏属性设置方法，能够更改文件或目录的隐藏属性；</li><li>掌握 Linux 文件及目录的特殊权限配置方法，能够查看和设置文件及目录的特殊权限；</li><li>掌握 Linux 访问控制列表设置方法，能够使用 getfacl 和 setfacl 两个命令来对其进行控制。</li></ul>

7.1 Linux 文件及目录的隐藏属性

Linux 文件及目录的隐藏属性

7.1.1 Linux 文件系统介绍

Linux 中每个磁盘可以分为多个分区，分区就是将磁盘分割为不同用途的区域。刚刚分区后的磁盘是无法进行读写操作的，为了让系统内核能够识别到分区，需要对分区进行格式化，这也被称为创建文件系统。

Linux 支持多种日志文件系统，包括 ext4 和 ext3 等，目前比较常用的文件系统是 ext4 和 XFS 文件系统。ext 文件系统系列属于扩展文件系统，目前使用的 ext4 是 ext3 的升级版，其在性能、扩展性、可靠性上进行了大量的改进，极大提高了读写效率。XFS 文件系统是一种高性能的日志文件系统，CentOS 7 默认使用的是该文件系统。

Linux 文件系统是一种层次的树状结构，由一系列目录和文件组成。Linux 文件系统的根目录是 /，所有的文件和目录都从根目录开始，如图 7-1 所示。

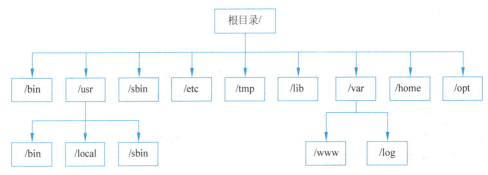

图 7-1 Linux 目录结构

Linux 文件系统中的每个目录都包含子目录和文件，子目录和文件可以进一步包含子目录和文件，从而形成了一个具有层次结构的文件系统。在 Linux 系统中，每个文件和目录都有相应的权限和属性，如所有者、所属组、权限等。

以下是一些常见的 Linux 目录结构及其含义的简单阐述：

- /root：根目录，为系统管理员（超级用户）的主目录；
- /bin：存放着最常用的命令；
- /usr：一个非常重要的目录，用户的很多应用程序和文件都放在这个目录下；
- /sbin：存放着系统管理员使用的管理命令的二进制文件；
- /etc：存放所有系统管理所需配置子目录和文件，以及各种服务器配置目录和文件；
- /home：用户的主目录，在此目录下，每个用户都有自己的目录；
- /var：一个对系统进行维护的重要目录，因为它包含了系统运行日志、包装和缓存文件；
- /mnt：系统提供该目录是为了让用户临时挂载其他文件系统，可以将光驱挂载在 /mnt 上，然后进入该目录就可以查看光驱里的内容了；

- /media：Linux 系统会自动识别一些设备，如 U 盘、光驱等，当识别后，Linux 会把识别的设备挂载到这个目录下；
- /lib：存放着系统最基本的动态连接共享库，其作用类似于 Windows 里的 DLL 文件；
- /sbin：用来存放二进制可执行文件，只是这里面的命令只供系统管理员管理系统使用；
- /dev：存放的是 Linux 的外部设备，在 Linux 中访问设备的方式和访问文件的方式是相同的。

7.1.2 Linux 权限介绍

在 Linux 系统中，权限用来控制用户或用户组对文件或目录进行访问和操作。权限分为读权限（r）、写权限（w）和执行权限（x）三种。每个文件或目录都有三种权限，分别是所有者（owner）、所属组（group）和其他用户（other）。这三种权限分别对应三个字符，例如，rw-r--r-- 表示所有者有读、写权限，所属组和其他用户只有读权限，具体如表 7-1 所示。

表 7-1　Linux 权限

对象	读 权 限	写 权 限	执 行 权 限
文件	可读取此文件的实际内容	可以编辑、新增、修改该文件的内容	该文件具有可以被系统执行的权限
目录	读取目录结构列表	文件或目录的创建、删除、重命名、移动	用户能否进入该目录

Linux 系统有超级用户（rootuser）和普通用户两种用户。超级用户不受任何权限限制，可以访问和修改系统中的任何文件或目录。普通用户则受到相应的权限限制，只能访问和修改自己有权限的文件或目录。要想提升普通用户的权限，可以使用 sudo 命令。sudo 命令允许用户以超级用户的身份执行特定的命令，但需要输入超级用户的密码。

7.1.3 Linux 权限设置

1. chmod 命令

chmod 命令是一个在 Linux 操作系统中用来改变文件或目录权限的命令。通过这个命令，可以控制哪些用户或者用户组可以读取、写入或执行一个文件或目录。Linux 中只有文件的所有者和超级用户才能修改文件和目录的权限。

chmod 命令的语法格式如下：

```
chmod ［选项］ mode 文件或目录
```

其中，mode 为权限设定字符串，格式如下：

```
[ugoa...] [+-=] [rwxX]
```

其中，u 表示所有者，g 表示用户组，o 表示其他用户，a 表示所有用户。

+表示增加权限，-表示删除权限，=表示设置权限。

r表示读权限，w表示写权限，x表示执行权限，X表示只有当该档案是个子目录或者该档案已经被设定为可执行。

除此之外，还有其他一些常用参数，具体如下：
- -c：如果修改了文件的权限，只输出修改了权限的文件；
- -f：若该文件权限无法被更改也不要显示错误信息；
- -v：详细输出每个被修改文件的权限变更详细信息；
- -R：递归地修改目录及其下所有文件和子目录的权限；
- --help：显示帮助信息；
- --version：显示版本信息。

例如，设置 file1.txt 与 file2.txt 所有者和所属组的用户可写入，但其他用户则不可写入，可以使用以下命令，具体如图 7-2 所示。

```
[root@localhost /]# chmod ug+w,o-w file1.txt file2.txt
[root@localhost /]# ll file1.txt file2.txt
-rw-rw-r--. 1 root root 0 10月 23 11:43 file1.txt
-rw-rw-r--. 1 root root 0 10月 23 11:43 file2.txt
```

图 7-2 使用 chmod 改变两个文件的权限

例如，将目前目录下的所有档案与子目录都设为任何人可读，可以使用以下命令：

```
[root@localhost file] #chmod -R a+r *
```

此外 chmod 也可以用数字来表示权限，语法为：

```
chmod abc 文件
```

其中，a、b、c 各为一个数字，分别表示所有者、用户组及其他用户的权限。例如，由这3个数字组成的权限模式（r=4，w=2，x=1），通过将这3个数字进行组合，可以为不同的用户或组分配不同的权限，如图 7-3 所示。文件是指要修改权限的文件或目录的列表。

例如，要将文件 example.txt 设置为所有者具有读、写和执行权限，其他用户和用户组具有读和执行权限，则可以使用以下命令，如图 7-4 所示。

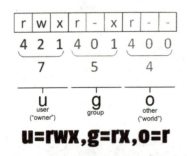

图 7-3 chmod 利用数字表示权限

```
[root@localhost /]# chmod 755 example.txt
[root@localhost /]# ll example.txt
-rwxr-xr-x. 1 root root 0 10月 23 12:00 example.txt
```

图 7-4 chmod 修改 example.txt 权限

2. chown 命令

chown 命令在 Linux 中用于更改文件或目录的所有者和所属组。它可以将文件或目录的所有权转移给其他用户或组，只有文件的所有者或超级用户才能使用这个命令进行修改。

chown 命令的语法如下：

```
chown [选项][所有者][:[组]] <文件或目录>
```

chown 命令默认只修改文件或目录的所有者，如果要修改组，需要使用分隔符（:）指定组名。另外，chown 命令可以使用 -R 参数递归处理目录下的所有文件和子目录，需要谨慎使用，避免修改不必要的文件或目录。

chown 命令的常用选项包括以下参数：
- -R：递归修改指定目录及其子目录下的所有文件和目录的所有者和所属组；
- -v：显示修改的详细信息；
- -c：显示更改的部分信息；
- -f：不显示错误信息；
- -h：只对符号连接的文件做修改，而不更改其他任何相关文件；
- --help：显示帮助信息；
- --version：显示版本信息。

例如，将 text.txt 文件的属主从根用户更换为用户 user1，可以使用以下命令，如图 7-5 所示。

```
[root@localhost text]# ll
总用量 0
-rwxr-xr-x. 1 root root 0 2月  11 16:08 text.txt
[root@localhost text]# chown user1 text.txt
[root@localhost text]# ll
总用量 0
-rwxr-xr-x. 1 user1 root 0 2月  11 16:08 text.txt
```

图 7-5　修改 text.txt 文件的属主

3. chgrp 命令

chgrp 命令在 Linux 中用于更改文件或目录所属的组，它可以通过组名称或组识别码来设置文件或目录的所属组，使用权限是超级用户。但与 chown 命令不同，chgrp 允许普通用户改变文件所属的组，只要该用户是该组的一员。

命令语法如下：

```
chgrp [选项][所属群组] <文件或目录>
```

chgrp 命令的常用选项参数如下：
- -v 或 --verbose：显示修改的详细信息；
- -c 或 --changes：效果类似"-v"参数，但仅回显更改的部分；
- -f 或 --quiet：不显示错误信息；
- -R 或 --recursive：递归处理，将指定目录下的所有文件及子目录一并处理；
- --help：显示帮助信息；
- --version：显示版本信息；

例如，将 text2.txt 文件的属组从 root 变为 user2，可以使用以下命令，如图 7-6 所示。

```
[root@localhost text]# ll
总用量 0
-rw-r--r--. 1 root  root  0 2月  12 23:09 text2.txt
-rwxr-xr-x. 1 user1 root  0 2月  11 16:08 text.txt
[root@localhost text]# chgrp user2 text2.txt
[root@localhost text]# ll
总用量 0
-rw-r--r--. 1 root  user2 0 2月  12 23:09 text2.txt
-rwxr-xr-x. 1 user1 root  0 2月  11 16:08 text.txt
```

图 7-6　修改 text2.txt 文件的所属组

7.1.4　文件及目录隐藏属性

但很多时候有些文件即使使用根用户也无法进行修改，原因可能是文件使用了 chattr 命令进行锁定。通过 chattr 命令修改属性能够提高系统的安全性，但它不适合所有的目录。用 chattr 执行改变文件或目录的属性后，可执行 lsattr 指令查询其属性。这两个命令是用来查看和改变文件与目录属性的。与 chmod 命令相比，chmod 只能改变文件的读、写和执行权限，而更底层的属性控制是由 chattr 来改。

1. chattr 命令

chattr 命令在 Linux 中用于更改文件或目录的隐藏属性。只有根用户可以使用此命令。chattr 命令的基本语法如下：

```
chattr [-RV] [+-=]［属性］<文件或目录名>
```

其中，chattr 命令常用属性选项及功能如表 7-2 所示。

表 7-2　chattr 命令常用属性选项及功能

选项	参　数　功　能
+	添加文件/目录的某个属性
−	移除文件/目录的某个属性
=	设置文件/目录的某个属性
a	如果对文件设置 a 属性，那么只能在文件中增加数据，但是不能删除和修改数据；如果对目录设置 a 属性，那么只允许在目录中建立和修改文件，但是不允许删除文件
b	不更新文件或目录的最后存取时间
c	该参数用于设定文件是否经过压缩后再存储，读取时需先解压
d	将文件或目录排除在倾倒操作之外，表示文件不能成为 dump 程序的备份目录
i	设置该文件不能被删除、改名、设定连接，同时不能写入或新增内容。i 参数对于文件系统的安全设定帮助非常大
s	保密性删除文件或目录，即硬盘空间被全部收回
u	与 s 相反，设置此属性的文件或目录在删除时，其内容会被保存，以保证后期能够恢复，常用来防止意外删除文件或目录
-V	显示执行过程
-R	递归处理

例如，防止关键系统文件被错误修改，为系统文件添加 i 属性，查看该系统文件属性，如图 7-7 所示。

```
[root@localhost a]# chattr +i /root/anaconda-ks.cfg
[root@localhost a]# echo "1" > /root/anaconda-ks.cfg
bash: /root/anaconda-ks.cfg: Permission denied
[root@localhost a]# lsattr /root/anaconda-ks.cfg
----i---------- /root/anaconda-ks.cfg
```

图 7-7　为系统文件添加 i 属性

2. lsattr 命令

lsattr 命令用于显示文件或目录的属性。它能够显示包括设备属性在内的所有属性，并且可以交互式地修改这些属性。

lsattr 命令的语法如下：

```
lsattr [选项] 文件或目录
```

其中，lsattr 命令常用属性选项及功能如表 7-3 所示。

表 7-3　lsattr 命令常用属性选项及功能

选项	参数功能
-a	显示所有文件和目录，包括以 . 为开头的，现行目录 . 与上层目录 ..
-d	若目标文件为目录，则显示该目录的属性信息，而不显示其内容的属性信息
-R	递归处理，将指定目录下的所有文件及子目录一并处理
-v	显示文件或目录版本
-V	显示指令的版本信息

例如，显示文件 file1.txt 的所有扩展属性，包括隐藏属性的命令如下：

```
[root@localhost file] #lsattr -a file1.txt
```

7.2　Linux 文件及目录的特殊权限配置

在 Linux 系统中，文件的基本权限分为读、写、执行三种。除此之外，还有所谓的特殊权限：SUID、SGID 和 Sticky。用户若无特殊需求，则不应该启用这些权限，以避免系统安全方面出现严重漏洞从而造成黑客的入侵，甚至摧毁系统。

Linux 文件及目录的特殊权限配置

7.2.1　文件目录特殊权限 SUID

在 Linux 中，SUID（Set User ID）是一种特殊的文件和目录权限，目的是让一般用户在执行某些程序时能够具有程序所有者的权限，以便更好地完成某些特定的任务。例如，如果一个程序需要访问特定的文件或目录，但只有程序所有者才有足够的权限进行访问，那么就可以为该程序设置 SUID 权限。

⚠️ **注意**：SUID 权限只能在运行程序的过程中生效，而不能在程序运行完毕继续生效。此外，SUID 权限也需要在文件所有者或超级用户的情况下才能设置和使用。例如，使用命令 ls -l 或 ll 查看文件时，如果可执行文件所有者权限的第三位是 s，则表明该执行文件拥有 SUID 属性，如图 7-8 所示。

图 7-8 查看文件的 SUID 属性

图 7-8 中的 passwd 文件就有 SUID 属性。/etc/shadow 文件没有任何特殊权限，只有根用户可以修改，如果在浏览文件时发现所有者权限的第三位是 s，则表明该文件的 SUID 属性无效。

SUID 权限设置方法有两种，分别为文字设置法和数字设置法，如表 7-4 所示。

文字设置法：通过 u 为用户添加 s 权限设置 SUID。

数字设置法：在普通三位数字权限位之前，用 4 代表添加的 SUID 位。

表 7-4 SUID 权限设置方法

方　　法	添加 SUID	删除 SUID
文字设置法	chmod u+s 文件名	chmod u-s 文件名
数字设置法	chmod 4xxx 文件名	chmod 0xxx 文件名

例如，给命令 vim 添加 SUID，普通用户就可以把自己变为超级用户，如图 7-9 所示。

图 7-9 添加 SUID 权限

7.2.2 文件目录特殊权限 SGID

SGID（Set Group ID）是一种特殊的文件和目录权限，SGID 的设置分两种情况：一种是对目录设置 SGID，则执行程序的用户获得文件所属组的权限，在该目录中创建的文件自动继承该目录的用户组；另一种是对文件设置 SGID，在执行程序时，以文件所属组成员的身份去执行。

SGID 权限非常适用于需要让多个用户访问和修改特定文件或目录的情况。例如，在 Linux 系统中，常常将系统配置文件或程序文件设置为 SGID，以便属于该文件或目录属组的用户可以对其进行修改和执行。

例如，如果拥有组权限的第三位是 s，就表明该执行文件或目录拥有 SGID 属性，查找有 SGID 属性的文件如图 7-10 所示。

图 7-10 查找有 SGID 属性的文件

SGID 权限设置方法有两种，分别为文字设置法和数字设置法，如表 7-5 所示。
（1）文字设置法：通过 g 为用户添加 s 权限设置 SGID。
（2）数字设置法：在普通三位数字权限位之前，用 2 代表添加的 SGID 位。

表 7-5 SGID 权限设置方法

方　　法	添加 SGID	删除 SGID
文字设置法	chmod g+s 文件名 / 目录	chmod g-s 文件名 / 目录
数字设置法	chmod 2xxx 文件名 / 目录	chmod 0xxx 文件名 / 目录

例如，给 Test 目录增加 SGID 权限，属于该目录属组的用户都将获得与文件或目录所有者相同的权限，如图 7-11 所示。

```
[zhangsan@localhost ~]$ chmod 2755 Test/              #增加sgid权限
[zhangsan@localhost ~]$ ll -d Test/
drwxr-sr-x 2 zhangsan nginx 19 Oct 13 20:47 Test/    #sgid权限已经增加了，属组位置上有了一个s
[zhangsan@localhost ~]$ touch Test/file2              #重新创建一个file2文件
[zhangsan@localhost ~]$ mkdir Test/test               #也创建一个目录
[zhangsan@localhost ~]$ ll Test/                      #查看创建的文件和目录
total 0
-rw-rw-r-- 1 zhangsan nginx  0 Oct 13 20:59 file2   #属组都与test目录的属组一样，这是因为test目录具有sg
drwxrwsr-x 2 zhangsan nginx  6 Oct 13 20:59 test
```

图 7-11 给 Test 目录增加 SGID 权限

7.2.3 文件目录特殊权限 Sticky

Sticky 特殊权限是针对文件目录设置的，它只允许该文件目录下的文件的创建者通过 rm 命令删除自己创建的文件，不允许其他人删除文件。这种权限常常被用于在共享目录中，以保护文件不被其他用户删除，同时也可以保护文件的创建者不会误删自己的文件。

⚠ 注意：Sticky 权限只对普通用户有效，对于超级用户是无效的。此外，Sticky 权限的设置需要在目录所有者或超级用户的情况下进行。例如，其他用户的权限的第三位是 t，就表明该目录拥有 Sticky 属性，/tmp 和 /var/tmp 目录就具有 Sticky 属性，如图 7-12 所示。

```
[root@localhost 桌面]# ll /tmp/ -d
drwxrwxrwt. 35 root root 4096 2月  13 00:08 /tmp/
[root@localhost 桌面]# ll /var/tmp/ -d
drwxrwxrwt. 24 root root 4096 2月  12 22:48 /var/tmp/
```

图 7-12 查看 /tmp 的 Sticky 属性

Sticky 权限设置方法有两种，分别为文字设置法和数字设置法，如表 7-6 所示。
（1）文字设置法：通过 o 为用户添加 t 权限设置 Sticky。
（2）数字设置法：在普通三位数字权限位之前，用 1 代表添加的 Sticky 位。

表 7-6 Sticky 权限设置方法

方　　法	添加 Sticky	删除 Sticky
文字设置法	chmod o+t 目录	chmod o-t 目录
数字设置法	chmod 1xxx 目录	chmod 0xxx 目录

例如，给 /test_tmp 目录设置 Sticky 权限，如图 7-13 所示。

```
[root@localhost /]# chmod -R 1777 /test_tmp/          #等价于chmod -R o+t /test_tmp/,加-R表示对目录递归
[root@localhost /]# ll -d test_tmp/
drwxrwxrwt 2 root root 6 Oct  6 17:28 test_tmp/
[root@localhost /]#
```

图 7-13　给 /test_tmp 目录设置 Sticky 权限

7.2.4　设置 Linux 文件及目录权限实验

1. 实验目的

（1）学习和理解 Linux 文件及目录的基本权限模型。
（2）学会使用命令行工具查看和修改文件及目录的权限。
（3）通过实际操作加深对文件权限如何影响用户访问控制的理解。
（4）提升能够根据实际需求配置适当权限的技能。

2. 实验背景

星辰科技有限公司是一家以使用 Linux 操作系统作为主要工作平台的软件开发与服务公司。最近，该公司承接了一个关键的软件开发项目，项目的代码库和文档存储在公司的 Linux 服务器上。项目组由项目经理李华和两位技术员工组成。为了保障项目资料的安全和团队成员之间的有效协作，需要对文件及目录权限进行细致的规划和管理。

3. 实验内容

查看文件及目录的默认权限，修改文件及目录的权限，创建新文件和目录并设置特定权限，验证不同用户对文件和目录的访问能力。

4. 实验要求

（1）具备基本的 Linux 操作系统使用经验。
（2）具备一定的 Linux 命令行操作能力。
（3）至少需要两名学生用户账户来进行权限测试。

5. 实验环境

实验使用环境为 CentOS 7.4。

6. 实验步骤

步骤 1：查看文件及目录默认权限

（1）使用 ls -l 命令查看当前目录下的文件及目录列表和它们的权限。
（2）记录看到的权限信息，命令如下：

```
ls -l test_permissions
```

步骤 2：修改文件权限

创建一个新的空文件，并使用 chmod 命令改变它的权限。chmod 755 filename 会设置

文件所有者具有读/写/执行权限（7），同组用户有读/执行权限（5），其他所有用户也有读/执行权限（5）。

```
touch testfile.txt
chmod 755 testfile.txt
ls -l testfile.txt
```

步骤 3：修改目录权限

创建一个新的目录，并使用 chmod 命令来改变它的权限。chmod 711 dirname 会设置文件所有者具有读/写/执行权限（7），同组用户有执行权限（1），其他所有用户也有执行权限（1）。

```
mkdir testdir
chmod 711 testdir
ls -l testdir
```

步骤 4：更改文件所有者

使用 chown 命令来更改文件或目录的所有者。例如，chown user2 testfile.txt 将把文件 testfile.txt 的所有权改为 user2。

```
chown user2 testfile.txt
ls -l testfile.txt
```

步骤 5：测试不同权限设置的影响

（1）作为根用户，创建一个新文件或目录并设置特定的权限。然后切换到其他一般用户尝试对这些文件和目录进行操作，比如读、写或删除。记录哪些操作成功，哪些失败。

```
su - user1
touch testfile_from_user1.txt
chmod 600 testfile_from_user1.txt
ls -l testfile_from_user1.txt
```

（2）在另一个终端中以 user2 身份尝试操作该文件，命令如下：

```
su - user2
echo "Test" > testfile_from_user1.txt
rm testfile_from_user1.txt
```

7. 实验结果与验证

实验结果：通过以上操作，星辰科技有限公司的项目组在保证数据安全的前提下，高效地进行协作。学习者应能够熟练地使用 ls -l、chmod、chown 等命令来查看和修改文件及目录的权限。

验证：通过实验步骤中的操作，验证学习者是否能够根据需求设置合适的权限。最后，通过多用户环境下的测试，确认权限设置是否按预期工作，从而验证学习者对 Linux 文件及目录权限的理解和应用能力。

7.3 Linux 访问控制列表配置

在 Linux 系统中，针对文件定义了三种身份，分别是属主（owner）、属组（group）、其他人（others）。但是，在实际工作中，这三种身份是不够用的。如图 7-14 所示，/work 目录是班级的工作目录，班级中的每个学员都可以访问和修改这个目录，老师也需要拥有这个目录访问和修改权限，其他班级的学员不能访问这个目录。需要怎么规划这个目录的权限呢？

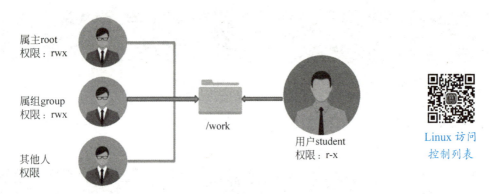

图 7-14 班级的工作目录权限

老师应该成为根用户，作为这个目录的属主，他们的权限为读、写和执行。班级所有的学员都加入 group 组，使 group 组作为 /work 目录的属组，权限是读、写和执行。其他人的权限设定为 0，也就是没有权限。这样这个目录的权限就符合使用要求了。

但在某一天，班里来了一位试听的同学 student，他必须能够访问 /work 目录，且拥有读和执行权限。不过，由于他没有学习过以前的课程，所以不能赋予写权限，以防因误操作而导致目录内容更改。因此，学员 student 的权限就是读和执行。然而，如何分配他的身份成为一道难题。

将他设为属主并不合适，加入 group 组也无法满足需求，因为 group 组的权限为读、写和执行，而他只能具备读和执行权限。若将其他人的权限改为读和执行，那么其他班级的所有学员都将能够访问 /work 目录。在这种情况下，普通权限中的三种身份就无法满足需求。因此，采用访问控制列表（Access Control Lists，ACL）权限来解决这个问题。

在 Linux 中，访问控制列表（ACL）是一种扩展权限控制机制，它允许对文件或目录进行更精细的权限控制。ACL 可以针对特定的用户或用户组设置读、写和执行权限，这使得管理员能够根据用户的角色和需求灵活地控制访问权限。

ACL 包括以下常见类型。

（1）默认权限：当创建一个文件或目录时，系统会为其设置默认权限。这些权限可以通过 chmod 命令进行修改。

（2）特殊权限：除了默认权限外，还可以为文件或目录设置特殊权限。这些权限包括

第 7 章 Linux 文件及目录权限

SUID、SGID 和 Sticky。

（3）基于 ACL 的权限：使用 ACL 可以针对特定的用户或用户组设置读、写和执行权限。这些权限可以独立于默认权限进行设置。

ACL 使用 getfacl 和 setfacl 两个命令来对其进行控制。getfacl 用来查看文件和目录的 ACL 列表。setfacl 用来设置文件和目录的 ACL 列表。

7.3.1 getfacl 命令

getfacl 命令用于获取文件或目录的访问控制列表（ACL）。它可以显示文件或目录的 ACL 设置选项，包括哪些用户或用户组拥有哪些权限。

getfacl 命令的语法如下：

```
getfacl [选项] [文件或目录]
```

其中，常用选项如下：

- -a，--access：仅显示文件的 ACL；
- -d，--default：仅显示默认的 ACL；
- -c，--omit-header：不显示注释表头；
- -e，--all-effective：打印所有有效权限注释，即使与 ACL 条目定义的权限相同；
- -E，--no-effective：显示无效权限；
- -s，--skip-base：跳过仅包含基本 ACL 条目（owner、group 和 others）的文件；
- -R，--recursive：递归显示子目录；
- -L，--logical：逻辑遍历（跟随符号链接）；
- -P，--physical：物理遍历（不跟随符号链接）；
- -n，--numeric：显示用户的 UID 和组群的 GID；
- -p：保留路径中开始的根（/）。

使用 getfacl 命令时，可以通过指定文件或目录的路径来获取其 ACL 设置信息。

例如，使用 getfacl 命令查看 /test 的访问控制列表。其中 file 表明文件名，owner 表明文件属主为 root，文件属主的权限为读、写、执行，group 表明文件的属组为 root，属组的权限为读、执行，其他人的权限为读、执行，如图 7-15 所示。

例如，当用户 user1 访问 /root 目录时是没有访问权限的，使用 getfacl 命令查看 /root 目录权限发现 other::r--。表明其他用户无执行权限，user1 属于其他用户，因此无法进入该目录，如图 7-16 所示。

图 7-15 使用 getfacl 命令查看 /test 的访问控制列表　　图 7-16 使用 getfacl 命令查看 /root 目录权限

7.3.2 setfacl 命令

setfacl 命令用于设置文件或目录的 ACL，允许管理员或特权用户为文件或目录设置精细的权限控制，以满足特定的访问需求。

setfacl 命令的语法如下：

```
setfacl [选项] [操作] [规则]... [文件或目录]...
```

其中，常用选项如下：

- -b，--remove-all：删除所有扩展的 ACL 规则，保留基本的 ACL 规则（属主、属组和其他）；
- -k，--remove-default：删除默认的 ACL 规则；
- -n，--no-mask：不重新计算有效权限掩码；
- --mask：重新计算有效权限掩码，即使 ACL mask 被明确指定；
- -d，--default：设定默认的 ACL 规则；
- --restore=file：从文件恢复备份的 ACL 规则（这些文件可由 getfacl -R 产生）；
- --test：测试模式，不会改变任何文件的 ACL 规则，操作后的 ACL 规格将被列出；
- -L，--logical：跟踪符号链接，默认情况下只跟踪符号链接文件，跳过符号链接目录；
- -P，--physical：跳过所有符号链接，包括符号链接文件；
- -R，--recursive：递归操作子目录。

操作包括以下几种：

- m，--modify=<acl>：设置文件的 ACL 规则；
- -x，--remove=<acl>：删除文件的 ACL 规则；
- -M，--modify-file=<file>：从文件读取 ACL 条目更改；
- -X，--remove-file=<file>：从文件读取 ACL 条目并删除。

ACL 规则的格式如表 7-7 所示。

表 7-7 ACL 规则格式

ACL 规则表示	设置对象
[d[efault]:] [u[ser]:]uid [:perms]	指定用户的权限，文件所有者的权限（如果 UID 未指定）
[d[efault]:] g[roup]:gid [:perms]	指定属组的权限，文件属组的权限（如果 GID 未指定）
[d[efault]:] m[ask][:] [:perms]	有效权限掩码
[d[efault]:] o[ther] [:perms]	其他的权限

例如，为 user1 用户设置文件 file.txt 的读和写权限，命令如下：

```
[root@localhost /] #setfacl -m u:user1:rwx file.txt
```

例如，为 /root 目录设置 ACL，使用 setfacl 命令添加用户 user1 的访问权限。然后用户 user1 可以进入 /root 目录下访问，再使用 getfacl 命令查看 /root/ 目录权限，发现 user:user1:r-x，这表明 user1 用户可以对该目录进行访问，ACL 配置成功，如图 7-17 所示。

第 7 章　Linux 文件及目录权限

```
[root@localhost /]# setfacl -m u:user1:r-x /root/
[root@localhost /]# su user1
[user1@localhost /]$ cd root
[user1@localhost root]$ cd /
[user1@localhost /]$ getfacl root
# file: root
# owner: root
# group: root
user::r-x
user:user1:r-x
group::r-x
mask::r-x
other::r--
```

图 7-17　为 /root 目录设置 ACL

7.3.3　增强权限管理系统实验

1. 实验目的

（1）理解访问控制列表（ACL）的概念及其在 Linux 中的作用。
（2）学习如何使用 getfacl 命令查看和验证 ACL 设置。
（3）掌握如何通过修改 ACL 来精细化管理文件和目录的权限。
（4）通过实践操作，加深对 Linux 文件系统权限管理的复杂性的理解。

2. 实验背景

随着企业数据量的日益增长和业务需求的多样化，传统的 Linux 文件权限模型已经无法满足公司对文件系统管理的复杂需求。2021 年，在某公司内部发生了几起因权限设置不当导致的安全事故和服务中断事件，这暴露出了现有权限管理系统的不足。为了提高数据安全性和操作灵活性，该公司决定引入 ACL 进行更精细化的权限管理。

3. 实验内容

（1）创建和管理文件及目录。
（2）设置和管理文件及目录的 ACL。
（3）使用 getfacl 命令来查看和验证 ACL 规则。

4. 实验要求

（1）使用 root 权限执行所有文件及目录管理任务。
（2）严格遵守 Linux 系统中的最小权限原则。
（3）设置合理的文件及目录权限并定期更新。
（4）记录所有文件及目录操作，以供后续审计使用。

5. 实验环境

实验使用环境为 CentOS 7.4。

6. 实验步骤

步骤 1： 创建新文件及目录，并设置初始权限

```
touch newfile.txt
mkdir newdir
```

```
chmod 755 newdir
chmod 644 newfile.txt
```

步骤 2： 修改文件及目录的特殊权限

```
chmod u+s newfile.txt
chmod g+s newdir
```

步骤 3： 实施 ACL 规则

```
setfacl -m u:alice: rw newfile.txt
setfacl -m u:bob: --x newdir
```

步骤 4： 查看和验证特殊权限与 ACL 规则

```
getfacl newfile.txt
getfacl newdir
ls -l newfile.txt
ls -l newdir
```

步骤 5： 尝试以不同用户身份访问文件及目录，验证权限效果

```
sudo su - alice
echo "test" >> newfile.txt
sudo su - bob
cd newdir
```

步骤 6： 使用特殊权限和 ACL 进行文件及目录权限审计

审核 /var/log/audit/audit.log（如果已配置审计规则）或其他相关日志文件，确保所有操作均符合预期的权限设置。

7. 实验结果与验证

实验结果：成功创建了一个新文件及目录，并设置了初始权限，通过特殊权限和 ACL，实现了对特定用户或用户组的精确权限控制。

验证：验证了特殊权限和 ACL 规则的正确性，确保它们按照预期工作，审计日志显示所有操作均被正确记录，便于后续审核和监控。

◆ 课后习题 ◆

一、选择题

1. 在 Linux 中，（　　）用于改变文件或目录的权限。
   A. chmod　　　　B. chown　　　　C. chgrp　　　　D. ls

2. 在 Linux 中，（　　）用于改变文件或目录的所有者。
   A. chmod　　　　　B. chown　　　　　C. chgrp　　　　　D. ls
3. 在 Linux 中，（　　）用于改变文件或目录的属组。
   A. chmod　　　　　B. chown　　　　　C. chgrp　　　　　D. ls
4. 在 Linux 中，（　　）允许用户读取文件内容。
   A. 读权限（r）　　B. 写权限（w）　　C. 执行权限（x）　　D. 特殊权限（s）
5. 在 Linux 中，（　　）允许用户修改文件内容。
   A. 读权限（r）　　B. 写权限（w）　　C. 执行权限（x）　　D. 特殊权限（s）
6. 在 Linux 中，（　　）允许用户执行文件。
   A. 读权限（r）　　B. 写权限（w）　　C. 执行权限（x）　　D. 特殊权限（s）
7. 在 Linux 中，访问控制列表（ACL）允许的额外权限设置是（　　）。
   A. 读权限（r）
   B. 写权限（w）
   C. 执行权限（x）
   D. ACL 允许更细粒度的权限控制，包括指定用户或组的权限

二、实操题

1. 假设有一个名为 secret.txt 的文件，希望只有文件的所有者能够读、写该文件，而其他用户不能访问，请设置相应的权限。

2. 假设有一个目录 shared，希望该目录中的所有文件在创建时都继承其父目录的组，并且该目录中的文件只能由文件的拥有者和该组的成员修改，如何设置这个目录的权限？

3. 解释什么是 SUID 和 SGID 特殊权限，并给出它们在实际应用中的一个例子。

第 8 章

Linux 进程与端口管理

本章导读

Linux 系统管理员每日都需要监控系统进程运行状况并适时终止失控进程,因此掌握进程相关概念以及运用命令管理 Linux 进程显得至关重要。同时,为了确保系统安全性,管理员还需要关注系统进程调度,熟练运用相关命令,了解后台工作原理及管理方法。此外,管理员还需要检查端口状况,熟悉端口相关概念,并能运用相应命令和工具进行端口管理。

学习目标

知识目标	<ul><li>了解 Linux 进程基本原理,能够说出 Linux 进程的分类;</li><li>掌握 Linux 端口管理概念,能够说出端口的类型和作用。</li></ul>
技能目标	<ul><li>掌握 Linux 进程监控与管理命令,能够进行进程监控、显示进程的资源占用状况、结束相应进程等操作;</li><li>掌握 crond 定时任务,能够通过 crontab 命令在固定的间隔时间执行指定的系统指令或 shell script 脚本;</li><li>熟悉 Linux 后台管理操作方法,能够使用命令进行后台管理;</li><li>掌握 Linux 端口管理操作方法,能够显示 Linux 系统中网络相关信息以及某个进程或网络连接情况。</li></ul>

8.1 Linux 进程监控与管理

Linux 进程监控与管理

8.1.1 Linux 进程基本原理

Linux 进程是运行中的程序实例,由内核管理和调度。每个进程都拥有独立的虚拟地址空间,并且具有相应的系统栈空间和用户空间。在 Linux 中,进程被视为拥有独立内存空间的实体，通过虚拟内存进行交互。

简单地说，进程是正在执行的一个程序或命令，每个进程都是一个运行的实体，都有自己的地址空间，并占用一定的系统资源。程序是人们使用计算机语言编写的可以实现特定目标或解决特定问题的代码集合。Linux 系统中每个运行中的程序至少由一个进程组成。每个进程与其他进程之间是相互独立的，都有自己的权限和职责，一个用户的程序不会干扰到其他用户的程序。

1. Linux 进程分类

按照进程的功能和运行的程序分类，进程可划分为两大类：系统进程和用户进程。

（1）系统进程：可以执行内存资源分配和进程切换等管理工作，而且该进程的运行不受用户的干预。

（2）用户进程：通过执行用户程序、应用程序或内核之外的系统程序而产生的进程，此类进程可以在用户的控制下运行或关闭。

针对用户进程，可以分为交互进程、批处理进程和守护进程三类。

（1）交互进程：由一个 Shell 启动的进程，既可以在前台运行，也可以在后台运行。

（2）批处理进程：这种进程和终端没有联系，是一个进程序列。

（3）监控进程（守护进程）：Linux 系统启动时启动的进程，并在后台运行。

2. Linux 进程状态

在 Linux 系统中，进程主要分为以下几个状态：

- 运行态：进程正在运行（即系统的当前进程）或准备运行（就绪态）；
- 等待态：此时进程正在等待一个事件的发生或某种系统资源；
- 暂停态：此时的进程暂时停止，来接收某种特殊处理，正在被调试的进程可能处于暂停态；
- 僵死态：等待父进程调用进而释放资源，处于该状态的进程已经结束，但是它的父进程还没有释放其系统资源。

8.1.2 ps 命令

ps 是 Linux 下最常用的进程监控命令，它能够列出系统中运行的进程的详细信息：进程号、命令、CPU 使用量、内存使用量等。

ps 命令的语法格式如下：

```
ps [选项]
```

其中，常用选项如下：

- -A：显示所有进程；
- -a：显示所有终端机下执行的程序，除了阶段作业领导者外；
- -x：显示没有控制终端的进程；
- -u：以用户为中心显示进程状态；
- -e：显示所有进程，同 -A；
- -p＜进程 ID＞：显示指定进程的信息。

例如，使用 ps 命令查看系统中所有的进程，如图 8-1 所示。

```
[root@localhost 桌面]# ps aux
USER       PID %CPU %MEM    VSZ   RSS TTY      STAT START   TIME COMMAND
root         1  0.1  0.4  53832  7676 ?        Ss   17:37   0:01 /usr/lib/system
root         2  0.0  0.0      0     0 ?        S    17:37   0:00 [kthreadd]
root         3  0.0  0.0      0     0 ?        S    17:37   0:00 [ksoftirqd/0]
root         5  0.0  0.0      0     0 ?        S<   17:37   0:00 [kworker/0:0H]
root         7  0.0  0.0      0     0 ?        S    17:37   0:00 [migration/0]
```

图 8-1　使用 ps 命令查看系统中所有的进程

例如，使用 ps 命令查看当前登录产生的进程，如图 8-2 所示。

```
[root@localhost 桌面]# ps -l
F S   UID   PID  PPID  C PRI  NI ADDR SZ WCHAN  TTY          TIME CMD
4 S     0  3510  3504  0  80   0 - 29096 wait   pts/0    00:00:00 bash
0 R     0  3878  3510  0  80   0 - 30315 -      pts/0    00:00:00 ps
```

图 8-2　使用 ps 命令查看当前登录产生的进程

8.1.3　top 命令

在 Linux 中，top 命令是一个常用的性能分析工具，能够实时显示系统中各个进程的资源占用状况。它提供了一个动态的、实时地对系统处理器的状态监视，并将显示系统中 CPU 最"敏感"的任务列表。

top 命令的语法格式如下：

```
top [选项]
```

其中，常用选项如下：
- -d＜秒数＞：指定 top 命令的刷新时间间隔，单位为秒；
- -n＜次数＞：指定 top 命令运行的次数后自动退出；
- -p＜进程 ID＞：仅显示指定进程 ID 的信息；
- -u＜用户名＞：仅显示指定用户名的进程信息；
- -b：以批处理模式运行，直接将结果输出到文件；
- -c：显示完整的命令行而不截断。

在 top 命令运行过程中，可以通过使用的一些交互命令来操作，如表 8-1 所示。

表 8-1　top 命令快捷键和功能

快捷键	功　　能
h 或 ?	显示帮助画面，给出一些简短的命令总结说明
P/M	按 CPU 使用率 / 内存使用率排序进程
T	根据时间或者累计时间进行排序
k	终止指定 PID 的进程
r	重新安排一个进程的优先级
q	退出程序

例如，显示当前系统正在执行的进程的相关信息，包括进程 ID、内存占用率、CPU 占用率等，如图 8-3 所示。

```
[root@localhost /]# top
top - 17:19:08 up 5:37, 2 users, load average: 0.29, 0.12, 0.07
Tasks: 246 total, 2 running, 243 sleeping, 1 stopped, 0 zombie
%Cpu(s): 9.5 us, 0.7 sy, 0.0 ni, 89.9 id, 0.0 wa, 0.0 hi, 0.0 si, 0.0 st
KiB Mem:  1885524 total, 1465000 used, 420524 free, 2392 buffers
KiB Swap: 2097148 total,       0 used, 2097148 free, 340256 cached Mem

  PID USER      PR  NI    VIRT    RES    SHR S %CPU %MEM     TIME+ COMMAND
 3014 root      20   0 1685616 382872  42452 S  8.3 20.3   4:35.88 gnome-shell
  879 root      20   0  193224  39272   7604 S  1.3  2.1   0:24.86 Xorg
  484 root      20   0       0      0      0 S  0.3  0.0   0:03.65 xfsaild/dm-0
 3140 root      20   0  347068  17496  13800 S  0.3  0.9   0:12.34 vmtoolsd
 3490 root      20   0  791480  23900  14260 S  0.3  1.3   0:04.02 gnome-termi+
 8826 root      20   0  123660   1712   1156 R  0.3  0.1   0:00.03 top
    1 root      20   0   53804   7640   2536 S  0.0  0.4   0:01.71 systemd
    2 root      20   0       0      0      0 S  0.0  0.0   0:00.00 kthreadd
    3 root      20   0       0      0      0 S  0.0  0.0   0:00.05 ksoftirqd/0
    5 root       0 -20       0      0      0 S  0.0  0.0   0:00.00 kworker/0:0H
    7 root      rt   0       0      0      0 S  0.0  0.0   0:00.00 migration
    8 root      20   0       0      0      0 S  0.0  0.0   0:00.00 rcu_bh
    9 root      20   0       0      0      0 S  0.0  0.0   0:00.00 rcuob/0
   10 root      20   0       0      0      0 S  0.0  0.0   0:00.62 rcu_sched
```

图 8-3　显示当前系统正在执行的进程的相关信息

例如，查找名为 rcu 的进程 ID，并使用 top 命令查看这些进程的资源占用情况，如图 8-4 所示。

```
[root@localhost /]# top -p `pgrep -d ',' -f rcu`
top - 17:07:51 up 5:26, 2 users, load average: 0.00, 0.03, 0.05
Tasks:   4 total,   1 running,   3 sleeping,   0 stopped,   0 zombie
%Cpu(s): 12.8 us,  1.0 sy,  0.0 ni, 86.2 id,  0.0 wa,  0.0 hi,  0.0 si,  0.0 st
KiB Mem:  1885524 total, 1460448 used, 425076 free, 2392 buffers
KiB Swap: 2097148 total,       0 used, 2097148 free, 339932 cached Mem

  PID USER      PR  NI    VIRT    RES    SHR S %CPU %MEM     TIME+ COMMAND
    8 root      20   0       0      0      0 S  0.0  0.0   0:00.00 rcu_bh
    9 root      20   0       0      0      0 S  0.0  0.0   0:00.00 rcuob/0
   10 root      20   0       0      0      0 S  0.0  0.0   0:00.61 rcu_sched
   11 root      20   0       0      0      0 R  0.0  0.0   0:00.44 rcuos/0
```

图 8-4　查看这些进程的资源占用情况

8.1.4　pstree 命令

pstree 命令以树状结构的方式展现进程之间的派生关系，可以看到进程名称，以及每个进程的完整指令，包含路径、参数或是常驻服务的标示，用 ASCII 字符以树状结构来显示正在启动或执行的程序间的相互关系。

pstree 命令的语法格式如下：

```
pstree [选项] [<进程 ID>/<用户名>]
```

其中，常用选项如下：
- -a：显示每个进程的完整命令行，包含路径、参数或是常驻服务的标示；
- -c：不使用精简标示法；

- -G：使用 VT100 图形字符显示进程树；
- -h：列出树状结构时，特别标明现在执行的进程；
- -H< 程序 ID>：此参数的效果和指定 -h 参数类似，但特别标明指定的进程；
- -l：采用长列格式显示树状结构；
- -n：用 PID 排序，预设是以程序名称来排序；
- -p：显示进程 PID；
- -u：显示进程的所属者；
- -U：使用 UTF-8 列绘图字符；
- -V：显示版本信息。

例如，显示根用户下对应的进程信息，如图 8-5 所示。

```
[root@localhost 桌面]# pstree root
systemd─┬─ModemManager───2*[{ModemManager}]
        ├─NetworkManager───2*[{NetworkManager}]
        ├─2*[abrt-watch-log]
        ├─abrtd
        ├─accounts-daemon───2*[{accounts-daemon}]
        ├─alsactl
        ├─at-spi-bus-laun─┬─dbus-daemon───{dbus-daemon}
        │                 └─3*[{at-spi-bus-laun}]
        ├─at-spi2-registr───{at-spi2-registr}
        ├─atd
```

图 8-5　显示 root 用户下对应的进程信息

例如，显示所有进程的详细信息，相同的进程名可以压缩显示，如图 8-6 所示。

```
[root@localhost /]# pstree -a
systemd --switched-root --system --deserialize 20
  ├─ModemManager
  │   └─2*[{ModemManager}]
  ├─NetworkManager --no-daemon
  │   └─2*[{NetworkManager}]
  ├─abrt-watch-log -F BUG: WARNING: at WARNING: CPU: INFO: possible recursi
  ├─abrt-watch-log -F Backtrace /var/log/Xorg.0.log --/usr/bin/abrt-dump-x
  ├─abrtd -d -s
  ├─accounts-daemon
  │   └─2*[{accounts-daemon}]
  ├─alsactl -s -n 19 -c -E ALSA_CONFIG_PATH=/etc/alsa/alsactl.conf --initf
  ├─at-spi-bus-laun
  │   ├─dbus-daemon --config-file=/etc/at-spi2/accessibility.conf --nofork...
  │   │   └─{dbus-daemon}
  │   └─3*[{at-spi-bus-laun}]
```

图 8-6　显示所有进程的详细信息

例如，查看指定进程的 PID，如图 8-7 所示。

```
[root@localhost /]# pstree -p | grep ssh
       |-ssh-agent(2917)
       |-sshd(1495)
```

图 8-7　查看指定进程的 PID

8.1.5　lsof 命令

lsof 命令是一个列出当前系统中打开文件的工具。它可以显示当前系统中正在使用的文件、网络连接、设备和文件系统的详细信息。

lsof 命令的语法格式如下：

```
lsof [选项]
```

其中，常用选项如下：
- -a：表示其他选项之间为"与"的关系；
- -c＜进程名＞：列出指定进程所打开的文件；
- -d＜文件号＞：列出占用该文件号的进程；
- -i＜条件＞：列出符合条件的进程；
- -p＜进程 ID＞：列出指定进程号所打开的文件；
- -g：列出 GID 号进程详情；
- -u：列出 UID 号进程详情；
- -h：显示帮助信息；
- -v：显示版本信息。

例如，如果想了解某个特定的文件被哪个进程使用，可以通过"lsof 文件名"的方式查看，如图 8-8 所示。

```
[root@localhost 桌面]# lsof /sbin/init
COMMAND PID USER   FD   TYPE DEVICE SIZE/OFF     NODE NAME
systemd   1 root  txt    REG  253,0 1214424  34304457 /usr/sbin/../lib/systemd/sy
stemd
```

图 8-8　显示某文件的进程

例如，查看进程号为 1 所打开的文件，如图 8-9 所示。

```
[root@localhost /]# lsof -p 1
COMMAND PID USER   FD      TYPE         DEVICE SIZE/OFF     NODE NAME
systemd   1 root  cwd       DIR          253,0     4096      128 /
systemd   1 root  rtd       DIR          253,0     4096      128 /
systemd   1 root  txt       REG          253,0  1214424 34304457 /usr/lib/
systemd/systemd
systemd   1 root  mem       REG          253,0    37112 71201719 /usr/lib6
4/libnss_sss.so.2
systemd   1 root  mem       REG          253,0    58288 67329435 /usr/lib6
4/libnss_files-2.17.so
systemd   1 root  mem       REG          253,0    90632 67528490 /usr/lib6
4/libz.so.1.2.7
systemd   1 root  mem       REG          253,0    19888 67568138 /usr/lib6
4/libattr.so.1.1.0
```

图 8-9　查看进程号为 1 所打开的文件

8.1.6　kill 命令

kill 命令是通过向进程发送指定信号来结束相应进程。也就是说，kill 命令的执行原理是向操作系统内核发送一个信号和目标进程的 PID，然后系统内核根据收到的信号类型，对指定进程进行相应的操作。

kill 命令的语法格式如下：

```
kill [选项] [进程 ID]
```

其中，常用选项如下：
- -l <signal>：指定要发送的信号名称，若不加 <signal> 选项，则 "-l" 参数会列出全部的信号名称；
- -a：不限制命令名和进程号的对应关系；
- -p：只打印相关进程的进程号，而不发送任何信号；
- -s <signal>：指定要发送的信号名称；
- -u <user>：指定要发送信号的用户。

例如，列出所有的信号名称，如图 8-10 所示。

```
[root@localhost /]# kill -l
 1) SIGHUP       2) SIGINT      3) SIGQUIT     4) SIGILL      5) SIGTRAP
 6) SIGABRT     7) SIGBUS       8) SIGFPE      9) SIGKILL    10) SIGUSR1
11) SIGSEGV    12) SIGUSR2    13) SIGPIPE    14) SIGALRM    15) SIGTERM
16) SIGSTKFLT  17) SIGCHLD    18) SIGCONT    19) SIGSTOP    20) SIGTSTP
21) SIGTTIN    22) SIGTTOU    23) SIGURG     24) SIGXCPU    25) SIGXFSZ
26) SIGVTALRM  27) SIGPROF    28) SIGWINCH   29) SIGIO      30) SIGPWR
31) SIGSYS     34) SIGRTMIN   35) SIGRTMIN+1 36) SIGRTMIN+2 37) SIGRTMIN+3
38) SIGRTMIN+4 39) SIGRTMIN+5 40) SIGRTMIN+6 41) SIGRTMIN+7 42) SIGRTMIN+8
43) SIGRTMIN+9 44) SIGRTMIN+10 45) SIGRTMIN+11 46) SIGRTMIN+12 47) SIGRTMIN+13
48) SIGRTMIN+14 49) SIGRTMIN+15 50) SIGRTMAX-14 51) SIGRTMAX-13 52) SIGRTMAX-12
53) SIGRTMAX-11 54) SIGRTMAX-10 55) SIGRTMAX-9  56) SIGRTMAX-8  57) SIGRTMAX-7
58) SIGRTMAX-6  59) SIGRTMAX-5  60) SIGRTMAX-4  61) SIGRTMAX-3  62) SIGRTMAX-2
63) SIGRTMAX-1  64) SIGRTMAX
```

图 8-10　列出所有的信号名称

例如，先用 ps 查找进程，然后用 kill 杀掉进程，如图 8-11 所示。

```
[root@localhost /]# ps -ef| grep vim
root       9405   7677  0 18:13 pts/0    00:00:00 grep --color=auto vim
[root@localhost /]# kill 9045
```

图 8-11　杀掉进程

8.1.7 Linux 进程与端口管理实验

1. 实验目的

（1）掌握 Linux 中进程与端口的概念及其重要性。
（2）掌握查看进程信息和端口使用情况的命令。
（3）学会如何开启、关闭进程以及如何管理端口。
（4）加深对进程和端口管理在实际工作中应用的了解。

2. 实验背景

某科技有限公司是一家致力于提供云计算服务的中型企业。随着公司业务的迅速扩张，服务器数量急剧增加，导致系统管理员在进程和端口管理上面临越来越多的挑战，于是该公司开始对 Linux 进程与端口管理进行优化，力图解决系统面临的挑战。

3. 实验内容

查看当前运行的进程，查找特定端口的占用情况，启动、停止进程和服务，配置服务以使用非标准端口。

4. 实验要求

（1）一台安装了 Linux 操作系统的计算机，或者可以远程登录到 Linux 服务器。
（2）具备一定的 Linux 命令行操作基础。

5. 实验环境

实验使用环境为 CentOS 7.4。

6. 实验步骤

步骤 1：查看进程

（1）打开终端。
（2）输入 ps -ef 命令，按 Enter 键。该命令将显示当前系统上运行的所有进程及其详细信息。

```
ps -ef
```

（3）输入 top 或 htop 命令，按 Enter 键。这些命令将以实时更新的方式显示系统上所有进程的资源占用情况。

```
top
```

步骤 2：查找端口占用

输入 netstat -tuln 或 ss -tuln 命令，按 Enter 键。这些命令将显示当前系统正在使用的 TCP 和 UDP 端口以及它们对应的进程。

```
netstat -tuln
```

步骤 3：启动和停止进程

（1）输入 systemctl start <service_name>（替换 <service_name> 为服务名），按 Enter 键。该命令将启动指定的服务。

```
systemctl start httpd
```

（2）输入 systemctl stop <service_name>（替换 <service_name> 为服务名），按 Enter 键。该命令将停止指定的服务。

```
systemctl stop httpd
```

步骤 4：配置服务端口

（1）使用文本编辑器打开服务的配置文件，如 sudo nano /etc/httpd/conf/httpd.conf。

```
sudo nano /etc/httpd/conf/httpd.conf
```

（2）更改 Listen 字段为想要设置的端口号。

（3）保存并关闭文件。
（4）输入 systemctl restart <service_name> 重启服务。

```
systemctl restart httpd
```

步骤 5： 安全实践

（1）输入 iptables -A INPUT -p tcp --dport <port> -j DROP（将 <port> 替换为要阻止访问的端口号），按 Enter 键。该命令将添加一条规则来阻止外部访问指定端口。

（2）观察对服务访问的影响。尝试通过浏览器或其他网络工具连接到指定的非标准端口，以验证服务是否被成功阻止。

7. 实验结果与验证

实验结果：通过以上操作，某科技有限公司能够在保证数据安全的前提下，高效地进行 Linux 进程与端口管理系统优化。

验证：学生应能够熟练运用 ps、top、htop、netstat、ss、lsof 等命令来查看和管理进程与端口。通过启动和停止服务，学生应能验证自己对服务的控制能力。学生应能成功配置服务以使用非标准端口，并通过浏览器或其他网络工具验证服务是否正运行在新端口上。在完成安全实践后，学生应能够理解防火墙规则如何影响服务访问，并能够根据需要调整规则。

8.2 Linux 调度进程

Linux 调度进程

8.2.1 crond 定时任务

crond 是 Linux 下用来周期性执行某种任务或等待处理某些事件的一个守护进程，与 Windows 下的计划任务类似，当安装完成操作系统后，会默认安装此服务工具，并会自动启动 crond 进程。crond 进程每分钟会定期检查是否有要执行的任务，如果有要执行的任务，则自动执行该任务。

Linux 下的任务调度分为系统任务调度和用户任务调度两类。其中系统任务调度是系统周期性所要执行的工作，如写缓存数据到硬盘、日志清理等。Linux 系统中的 /etc/crontab 文件就是任务调度的配置文件。而用户任务调度是用户定期要执行的工作，如用户数据备份、定时邮件提醒等。用户可以使用 crontab 工具来定制自己的计划任务。

通过 crontab 命令可以在固定的间隔时间执行指定的系统指令或 shell script 脚本。时间间隔的单位可以是分钟、小时、日、月、周，以及以上的任意组合。

crontab 命令的语法格式如下：

```
crontab [crontabfile] [-u user] [-e | -l | -r | -i] [file]
```

其中，常用参数如表 8-2 所示。

表 8-2 crontab 的常用参数

参 数	功 能
crontabfile	用指定的文件 contabfile 替代当前的 crontab
-u user	用来设定某个用户的 crontab 服务。例如，-u ahi 表示设定 ahi 用户的 crontab 服务，如果未设置则是设置当前用户的 crontab 服务
-e	编辑某个用户的 crontab 文件内容。如果不指定用户，则表示编辑当前用户的 crontab 文件
-l	显示某个用户的 crontab 文件内容。如果不指定用户，则表示当前用户的 crontab 文件
-r	从 /var/spool/cron 目录中删除某个用户的 crontab 文件。如果不指定用户，则默认删除当前用户的 crontab 文件
-i	在删除用户的 crontab 文件时给确认提示
file	file 是命令文件的名字，表示将 file 作为 crontab 的任务列表文件并载入 crontab。如果命令行中没有指定该文件，crontab 命令将接受键盘标准输入的命令，并将命令载入 crontab

使用 crontab 命令创建的 crontab 文件每行都包含 6 个域，其中前 5 个域是指定命令被执行的时间，最后一个域是要被执行的命令。每个域之间使用空格或制表符分隔，格式如下：

```
minute hour dayofmonth monthofyear dayofweek commands
```

域的含义如下：
- minute：表示分钟，可以是从 0~59 的任何整数；
- hour：表示小时，可以是从 0~23 的任何整数；
- dayofmonth：表示日期，可以是从 1~31 的任何整数；
- monthofyear：表示月份，可以是从 1~12 的任何整数；
- dayofweek：表示星期几，可以是从 0~6 的任何整数，0 代表星期日；
- commands：要执行的指令，可以是系统指令也可以是自己编写的脚本文件。

crontab 文件中的特殊字符含义如下：
- *：代表所有可能的值，例如，monthofyear 字段如果是 *，则表示在满足其他字段的约束条件下每月都执行该命令操作；
- ,：可以用逗号隔开的值指定一个列表范围，例如，"1，2，3，5，9"；
- -：可以用 - 表示一个整数范围，例如，用 2-6 表示 "2，3，4，5，6"；
- /：可以用 / 指定时间的间隔频率，例如，"0-23/2" 表示每两个小时执行一次；同时，/ 可以和 * 一起使用，例如，*/10 如果用在 minute 字段，表示每十分钟执行一次。

例如，每隔两天的上午 8 点到 11 点的第 3 分钟和第 15 分钟执行 command，命令如下：

```
3,15 8-11 */2 * *command
```

或是在每天 18:00 至 23:00 每隔 30 分钟重启 smb，命令如下：

```
0.30 18-23 ***/etc/init.d/smb restart
```

8.2.2 Linux 后台管理

前台是指当前可以操控和执行命令的操作环境,而后台是指工作可以自行运行,但是不能直接用 Ctrl+C 组合键中止,只能使用命令 fg/bg 调用后台任务。

Linux 系统可以在不关闭当前操作的情况下执行其他操作,例如,用户在当前终端正在编辑文件,在不停止编辑该文件的情况下,可以将该编辑任务暂时放入 Linux 的后台运行。这种将命令放入后台,然后将命令恢复到前台的操作一般称为后台工作管理。

1. & 与 Ctrl+Z

如果想将某执行任务在后台运行,则可以在命令后加入 &,使用这种方法放入后台的命令,在后台处于执行状态。

例如,查找 text.txt 文件并在后台运行,如图 8-12 所示。

作业控制允许将进程挂起并可以在需要时恢复进程的运行,被挂起的作业恢复后将从中止处开始继续运行,按 Ctrl+Z 组合键即可挂起当前的前台作业,如图 8-13 所示。

```
[root@localhost 桌面]# find / -name text.txt &
[1] 6239
[root@localhost 桌面]# /text/text.txt
```

图 8-12 查找 text.txt 文件并在后台运行

```
[root@localhost 桌面]# tail -f /text/text.txt
^Z
[1]+  已停止              tail -f /text/text.txt
```

图 8-13 按 Ctrl+Z 组合键挂起当前的前台作业

2. jobs 命令

jobs 命令用于显示 Linux 中的任务列表及任务状态,包括后台运行的任务。

jobs 命令的语法格式如下:

```
jobs [选项]
```

其中,常用选项如下:
- -l:显示作业列表时包括进程号;
- -p:仅显示作业对应的进程号;
- -n:显示上次使用 jobs 命令后状态发生变化的作业;
- -r:仅输出运行状态的任务;
- -s:仅输出停止状态的任务。

例如,使用 jobs 命令显示当前系统的任务列表:

```
[root@localhost /] #jobs -l
```

3. fg 和 bg 命令

fg 和 bg 是 Linux 中的两个命令,用于管理在后台运行的进程。

fg 命令用于将一个在后台暂停的命令调至前台继续运行。如果后台有多个命令,可以用 fg %jobnumber 将选中的命令调出,jobnumber 是通过 jobs 命令查到的后台正在执行的命令的序号(不是 PID)。

例如,将已经在后台的工作恢复到前台运行,如图 8-14 所示。

bg 命令用于将一个在后台暂停的命令变成继续执行。如果后台有多个命令，可以用 bg %jobnumber 将选中的命令调出，jobnumber 是通过 jobs 命令查到的后台正在执行的命令的序号（不是 PID）。

例如，将已经在后台挂起的工作恢复到运行状态，如图 8-15 所示。

图 8-14　将后台的工作恢复到前台运行

图 8-15　将在后台挂起的工作恢复到运行状态

4. nohup 命令

nohup 命令的作用就是让后台工作在离开操作终端时，也能够正确地在后台执行。使用 nohup 命令时，会在当前目录下生成一个名为 nohup.out 的文件，用于存储程序的标准输出和标准错误输出。如果该文件已经存在，nohup 命令将覆盖该文件的内容。

在运行 nohup 命令时，需要将命令或程序放置在 nohup 命令的末尾，并使用 & 符号将其放入后台运行。这样即使在终端关闭或用户退出账户后，程序也会继续运行。

nohup 命令的语法格式如下：

```
nohup [命令] &
```

例如，为 text.txt 赋予权限，然后使用命令 nohup /text/text.txt & 系统后台执行 text.txt，如图 8-16 所示。

图 8-16　在系统后台执行 text.txt

8.2.3　crond 定时任务的使用方法实验

1. 实验目的

（1）理解 Linux 系统中进程的概念及其重要性。
（2）掌握查看和管理 Linux 系统进程的技能。
（3）了解网络端口的作用，学会如何查看和管理端口占用情况。
（4）学习如何使用 crond 服务创建、编辑和执行定时任务。
（5）提高系统问题排查效率和系统管理能力。

2. 实验背景

在现代 IT 基础设施管理中，系统管理员必须对操作系统内部的运行机制有深入的理解。对 Linux 系统而言，进程是系统资源分配和任务执行的基本单位，而网络通信则依赖于端口的监听和数据的传输。2021 年，国内某企业的 Linux 系统出现管理性问题，导致企业的计算机系统损坏，运行不稳定，给企业造成了巨大的经济损失。因此，有效地管理系统进程，诊断端口占用情况，以及通过计划任务自动化执行日常维护工作，是确保系统稳定运行的关键。

3. 实验内容

查看进程信息，查看端口占用情况，使用 crond 设置定时任务。

4. 实验要求

（1）熟悉 Linux 系统的基本操作。
（2）掌握进程与端口管理的基本命令。
（3）了解 crond 定时任务的设置方法。

5. 实验环境

实验使用环境为 CentOS 7.4。

6. 实验步骤

步骤 1： 查看进程信息

（1）使用 ps 命令查看当前进程信息。

```
UID         PID  PPID  C STIME TTY          TIME CMD
root          1     0  0 08:00 ?        00:00:03 /sbin/init
root          2     0  0 08:00 ?        00:00:00 [kthreadd]
...
```

（2）使用 top 命令实时查看进程状态。

```
top
```

使用 top 命令可以实时查看进程的状态，如 CPU 占用率、内存占用等。
（3）使用 pstree 命令查看进程树。

```
pstree -p
```

步骤 2： 查看端口占用情况

（1）使用 netstat 命令查看端口占用情况。

```
netstat -tuln
```

（2）使用 lsof 命令查看指定端口的占用情况。

```
lsof -i:80
```

步骤 3： 使用 crond 设置定时任务

（1）编辑 /etc/crontab 文件，添加定时任务。

```
sudo vi /etc/crontab
```

在文件末尾添加以下内容，然后保存并退出。

```
# 每天凌晨 3 点执行备份任务
3 0 * * * root /usr/local/bin/backup.sh >/dev/null 2>&1
```

（2）使用 crontab -e 命令编辑当前用户的定时任务。

```
crontab -e
```

在文件末尾添加以下内容，然后保存并退出。

```
# 每分钟执行一次检查系统负载的任务
* * * * * /usr/local/bin/check_load.sh >/dev/null 2>&1
```

（3）使用 systemctl restart crond 命令重启 crond 服务，使定时任务生效。

```
sudo systemctl restart crond
```

7. 实验结果与验证

通过查看进程信息，了解系统中正在运行的进程及其状态。通过查看端口占用情况，了解系统中各个进程所使用的端口。通过设置定时任务，实现对系统任务的自动化管理。在指定时间，定时任务将被执行，可以通过查看系统日志或输出结果来验证定时任务是否执行成功。

8.3 Linux 端口管理

Linux 端口管理

8.3.1 Linux 端口管理概念

服务是给系统提供功能的，在系统中除了有系统服务，还有网络服务。每个网络服务都有自己的端口。那么，什么是端口呢？IP 地址是计算机在互联网上的地址编号，每台联网的计算机都必须有自己的 IP 地址，而且必须是唯一的，如此才能实现正常通信。也就是说，在互联网上是通过 IP 地址来确定不同计算机的位置的。大家可以把 IP 地址想象成家庭的"门牌号码"，不管住在哪个小区，每家都有自己的门牌号，而且这个门牌号是唯一的。

如果知道了一台服务器的 IP 地址，就可以找到这台服务器。但是这台服务器上有可能搭建了多个网络服务，如 WWW 服务、FTP 服务等，那么到底需要服务器提供哪个网络服务呢？这时就要靠端口来区分了，因为每个网络服务对应的端口都是固定的。

例如，WWW 服务对应的端口是 80，FTP 服务对应的端口是 20 和 21，Mail 服务对应的端口是 25 和 110。可以将 IP 地址比作"门牌号码"，把端口比作"家庭成员"，找到了 IP 地址只能找到某个具体的家庭，只有找到了端口，才能找到具体的人。

为了统一整个互联网的端口和网络服务的对应关系，以便让所有主机都能使用相同的机制来请求或提供服务，同一个服务使用相同的端口，这就是协议。在计算机中的协议主要分为两大类：面向连接的可靠的 TCP 和面向无连接的不可靠的 UDP。

在 Linux 操作系统下系统共定义了 65536 个普通端口，这些端口又分为两部分：以 1024 作为分隔点，分别是公认端口和注册端口。

1. 公认端口

在 Linux 系统中，0~1023 端口都需要以根用户身份才能进行启动，这些端口主要用于系统一些常见的通信服务中。一般情况下，这些端口是预留给一些预设的服务来使用。

2. 注册端口

1024 及以上的端口主要是为客户端软件使用的，这些端口会不固定地分配给某个服务，也就是说，很多服务都可以使用这些端口，只要运行的程序向系统提出网络访问的需求，系统就会从这些端口中随机分配一个端口供程序使用。

为了保证系统的安全性，一般情况下需检查系统的端口情况。管理员要经常使用策略去控制端口访问。下面将给出安全审核中需要重点关注的敏感端口列表，如表 8-3 所示。

表 8-3 常见敏感端口

分 类	常 见 应 用	TCP/UDP	默认端口号
远程管理	OpenSSH	TCP	22
	Telnet	TCP	23
	RDP	TCP	3389
	VNC Server	TCP	5901
监控数据采集	SNMP	UDP	161
	Zabbix	TCP	10050、10051
文件传输	Vsftpd	TCP	21
	Rsync	TCP	873
邮件发送	Sendmail、Postfix	TCP	25
网站	Apache、Nginx	TCP	80、443
	Tomcat、Jboss	TCP	8080
	WebLogic	TCP	7777、4443
数据库	SQLServer	TCP	1433
	Oracle	TCP	1521
	MySQL	TCP	3306
	Redis	TCP	6379
	MongoDB	TCP	27017、27018、27019

8.3.2 netstat 命令

netstat 命令用于显示 Linux 系统中网络相关信息，如网络连接、路由表、端口状态等。

netstat 命令的语法格式如下：

```
netstat [选项]
```

其中，常用选项如下：

- -a：显示所有连接状态，包括 TCP、UDP 和 UNIX 域套接字；
- -c：连续显示网络状态信息；
- -e：显示网络其他相关信息；
- -i：显示网络界面信息表单；
- -n：直接使用 IP 地址，而不通过域名服务器；
- -o：显示计时器；
- -p：显示正在使用 Socket 的程序识别码和程序名称；
- -r：显示路由表；
- -s：显示网络工作信息统计表；
- -t：显示 TCP 传输协议的连线状况；
- -u：显示 UDP 传输协议的连线状况。

例如，查看当前系统中的全部网络连接，如图 8-17 所示。

```
[root@localhost 桌面]# netstat -an
Active Internet connections (servers and established)
Proto Recv-Q Send-Q Local Address          Foreign Address        State
tcp        0      0 127.0.0.1:25           0.0.0.0:*              LISTEN
tcp        0      0 0.0.0.0:111            0.0.0.0:*              LISTEN
tcp        0      0 0.0.0.0:47350          0.0.0.0:*              LISTEN
tcp        0      0 0.0.0.0:22             0.0.0.0:*              LISTEN
tcp        0      0 127.0.0.1:631          0.0.0.0:*              LISTEN
```

图 8-17　查看当前系统中的全部网络连接

其中，Proto 表示该端口使用传送控制协议为 TCP；Local Address 表示本机地址，其中 0.0. 0.0 代表本机上可用的任意地址；Foreign Address 表示对端建立连接的地址，如果该地址为 0.0. 0.0:*，则表示对端任意主机的任意端口未建立连接。

例如，查看当前系统中处于监听状态的 TCP 端口及进程。在对主机进行端口开放情况了解时，使用该命令进行查看，如图 8-18 所示。

```
[root@localhost 桌面]# netstat -ntpl
Active Internet connections (only servers)
Proto Recv-Q Send-Q Local Address          Foreign Address        State       PID/Program name

tcp        0      0 127.0.0.1:25           0.0.0.0:*              LISTEN      1847/master

tcp        0      0 0.0.0.0:111            0.0.0.0:*              LISTEN      1507/rpcbind

tcp        0      0 0.0.0.0:47350          0.0.0.0:*              LISTEN      1534/rpc.statd

tcp        0      0 0.0.0.0:22             0.0.0.0:*              LISTEN      1506/sshd

tcp        0      0 127.0.0.1:631          0.0.0.0:*              LISTEN      3047/cupsd
```

图 8-18　查看当前系统中处于监听状态的 TCP 端口及进程

8.3.3 lsof 命令

lsof 是一个用于列出当前系统打开文件的工具，可用于查看某个进程或网络连接情况。

lsof 语法格式如下：

```
lsof -i [46] [protocol] [@hostname|hostaddr] [:service port]
```

其中，各参数含义如下：
- -i：后面可以跟多个参数，用以显示符合条件的进程情况；
- [46]：用于指定 IP 版本，是可选的，其中 4 代表 IPv4，6 代表 IPv6；
- [protocol]：用于指定协议，是可选的，常见的协议包括 TCP 和 UDP；
- [@hostname|hostaddr]：这个参数也是可选的，用于指定主机名或者 IP 地址；
- [:service port]：这个参数也是可选的，用于指定服务端口。

例如，查看所有连接，如图 8-19 所示。

图 8-19　查看所有连接

8.3.4　Linux 进程状态实验

1. 实验目的

（1）理解 Linux 系统中进程的概念。
（2）学习查看和分析 Linux 进程的状态。
（3）掌握使用命令行工具管理进程。

2. 实验背景

在 Linux 操作系统中，进程是系统进行资源分配和调度的基本单位。每个进程都有自己的独立地址空间，可以执行一个或多个程序。2022 年，国内某家科技公司运营着一个面向消费者的大型在线服务平台，该平台每天要处理数百万次的用户请求。平台的后端运行在多个 Linux 服务器上，这些服务器承载着各种服务进程，如 Web 服务、数据库服务和缓存服务等。随着用户数量的增加，系统管理员面临着越来越多的性能问题。为了解决问题，系统管理员决定对 Linux 进程进行优化。

3. 实验内容

学习进程的不同状态，使用 ps、top、htop 等命令查看进程状态，创建、终止和管理进程。

4. 实验要求

（1）能够解释进程的不同状态。
（2）熟练使用命令行窗口查看和管理进程。
（3）分析进程状态并记录实验结果。

5. 实验环境

实验使用环境为 CentOS 7.4。

6. 实验步骤

步骤 1：查看进程及其状态

（1）打开终端。

（2）输入 ps -ef 命令，查看当前所有进程及其状态。

```
$ ps -ef
UID        PID  PPID  C STIME TTY          TIME CMD
root         1     0  0 08:00 ?        00:00:03 /sbin/init
...
```

（3）输入 man ps 命令，阅读 ps 命令的手册页，了解不同状态的含义。

步骤 2：使用 top 或 htop 命令动态查看进程状态

```
$ top
$ htop
```

步骤 3：观察进程变化

（1）创建一个新进程，例如，输入 ping www.google.com，让它在后台运行。

```
$ ping www.google.com &
```

（2）再次使用 ps -ef 命令，找到刚才创建的进程，并观察其状态变化。

```
$ ps -ef | grep ping
```

（3）使用 kill 命令终止一个进程，观察进程状态的变化。

```
$ kill [PID]
```

使用 man kill 命令，了解如何根据进程 ID 发送不同的信号。

（4）尝试使用不同的信号（如 SIGSTOP、SIGCONT）来暂停和恢复进程，观察状态变化。

```
$ kill -SIGSTOP [PID]
$ kill -SIGCONT [PID]
```

7. 实验结果与验证

记录使用 ps -ef 命令看到的进程列表及其状态。对比发送信号前后的进程状态，验证进程状态的变化是否符合预期。分析为什么进程会处于不同的状态，以及这些状态对系统的影响。

◆ 课 后 习 题 ◆

一、选择题

1. 使用（　　）命令查看系统上的所有进程。
   A. ps   B. top   C. kill   D. pgrep
2. 使用（　　）命令可以实时监控系统资源使用情况和进程活动。
   A. ps   B. top   C. kill   D. pgrep
3. 使用（　　）命令结束一个进程。
   A. ps   B. top   C. kill   D. pgrep
4. 在 top 命令中，（　　）可以显示 CPU 使用率最高的进程。
   A. -u   B. -c   C. -p   D. -b
5. 使用（　　）命令查看当前系统开放的端口。
   A. netstat   B. ifconfig   C. route   D. Iptables

二、简答题

1. 描述 ps 命令的功能，并列举其常用选项及其含义。
2. 使用 top 命令查看当前系统资源使用情况和进程活动，解释 top 命令的输出内容，并描述如何通过 top 命令结束一个进程。
3. 解释 kill 命令的作用，并说明如何使用 kill 命令结束一个进程。如何结束一个僵尸进程？
4. 假设发现系统资源使用率异常高，怀疑有一个进程占用了大量资源，那么将如何定位并解决这个问题。
5. 使用 netstat 命令查看当前系统上开放的端口，并解释 netstat 命令的输出内容。

第 9 章

Linux 服务安全配置

 本章导读

某公司随着业务发展，远程接入与数据流转已成为公司日常运作的基石。然而，传统的 Telnet 远程登录机制存在诸多安全漏洞，越来越多的组织开始转向 SSH 协议，以防范数据泄露与潜在的网络攻击。为确保企业数据安全，还需构建一个稳定且安全的文件传输机制，FTP 服务器的应用实现了文件的便捷上传与下载。为了提升信息流通效率、优化企业品牌形象与服务质量，搭建 Apache 服务器以提供内部与外部的网络服务，如网站与应用服务等，已成为企业的普遍选择。这些服务器在企业运营中发挥着关键作用，因此，确保其配置的正确性与安全性至关重要。在配置 SSH、FTP 及 Apache 等服务时，需紧密结合企业的实际需求，实施定制化配置，并持续进行维护与监控，以保障服务的稳定运行与数据的安全。

 学习目标

知识目标	<ul><li>熟悉 SSH 的基本概念和原理；</li><li>掌握 SSH 的安全机制；</li><li>熟悉 Linux 系统的 FTP 服务的基本概念和功能，以及配置方法和技巧；</li><li>掌握 Linux 系统的 Apache 服务器的安全配置方法，提高服务器的安全性能。</li></ul>
技能目标	<ul><li>掌握 SSH 的安全配置方法；</li><li>掌握 Linux 系统的 FTP 服务器的安全配置方法；</li><li>掌握 Linux 系统的 Apache 服务器的配置方法，实现基本的网络搭建；</li><li>掌握 Linux 系统的 Apache 服务器的安全配置方法，提高服务器的安全性能。</li></ul>

9.1 SSH 安全配置

SSH 服务安全

9.1.1 SSH 服务安装

1. SSH 服务简介

SSH（Secure Shell）是一种加密的网络协议，允许用户通过加密的方式远程访问服务器，确保数据传输和应用程序运行的安全性。SSH 服务的出现，使得用户可以在不安全的网络环境中安全地执行远程命令、传输文件等操作，从而大大提高了网络的安全性。

1）SSH 服务的发展历程

在 SSH 出现之前，大多数远程管理是通过 Telnet 完成的。Telnet 是一种基于明文传输的网络协议：通信是以纯明文的方式进行的，没有经过加密。这种协议的问题在于，一旦建立一个远程会话，用户几乎可以做任何事。使用流量嗅探器很容易看到一个会话中的所有数据包，包括那些包含用户名和密码的数据包。这给网络安全留下了极大隐患。

为了解决这一问题，SSH 应运而生。SSH 采用非对称密钥技术，参与通信的设备之间的会话是加密的。这样一来，即使有人截获了通信数据包，也无法直接获取其中的敏感信息。同时，SSH 还提供了身份验证功能，只有拥有正确密钥的用户，才能成功建立连接。这些特点使得 SSH 成为网络安全的重要保障。

2）SSH 服务在云计算时代的应用

如今，云计算已经成为科技发展的热点领域。越来越多的企业和个人选择将数据和应用迁移到云端，以降低成本、提高效率。然而，云计算的普及也带来了新的安全隐患。在这种情况下，SSH 服务的重要性越发凸显。

（1）云计算环境中的数据存储和管理往往涉及多个数据中心和设备。为了保证数据的安全传输，需要使用 SSH 服务来建立安全的远程连接。

（2）云计算环境中的资源往往是共享的，这意味着需要确保不同用户之间的资源访问权限得到有效控制。SSH 服务可以提供强大的身份验证功能，帮助管理员对用户进行身份识别和权限分配，确保资源的合理使用。

（3）随着云计算技术的发展，越来越多企业开始采用混合云、多云等复杂架构。在这种情况下，传统的网络协议可能无法满足安全需求。而 SSH 作为一种通用的网络协议，可以与各种云服务提供方无缝对接，为复杂环境下的网络安全提供有力支持。

2. SSH 服务的原理

在众多网络协议中，SSH 协议以其出色的安全性和灵活性，成为越来越多人的选择。那么，SSH 服务是如何保障信息安全的呢？本小节将从 SSH 服务的核心组件——SSH 守护进程（sshd）开始，逐步揭示其工作原理。

（1）了解 SSH 服务的核心组件——SSH 守护进程。在服务器上运行的 sshd 是一个非常重要的角色，负责监听指定的端口（默认为 22），并处理客户端的连接请求。当客户端尝试连接服务器时，sshd 会首先验证客户端的身份，确保只有经过授权的用户才能访问服务器。这一过程就像是一道防火墙，有效地保护了服务器的安全。

（2）SSH 服务如何实现加密通信。SSH 协议采用公钥密码机制，即每位用户都有一对密钥：公钥和私钥。公钥是公开的，任何人都可以使用；而私钥则是私密的，只有拥有者才能使用。当客户端与服务器建立连接时，会生成一对新的密钥对，并将公钥发送给服务器。服务器收到公钥后，会将其存储在自己的密钥表中。之后，无论是客户端还是服务器之间的通信，都使用这对密钥进行加密和解密。

这里有一个关键点需要注意：只有拥有相应私钥的用户才能解密由公钥加密的数据。这意味着，即使有人截获了客户端与服务器之间的通信数据，也无法直接阅读其中的内容，因为只有服务器才能使用相应的私钥对其进行解密。这就为网络通信提供了一道坚实的防线。

（3）SSH 服务的安全性不只体现在加密通信上，它还提供了许多其他安全特性，如身份验证、文件完整性检查、会话重放保护等。这些特性共同构成了一个强大的安全防护体系，让用户在使用 SSH 服务时能够更加安心。

SSH 服务作为一种基于公钥密码机制的加密通信协议，通过其核心组件 SSH 守护进程实现了对网络通信的保护。它采用了一系列安全特性，为网络通信提供了坚实的防线。在这个信息化的时代，人们需要更加重视网络安全问题，让 SSH 服务成为人们保护信息安全的得力助手。

3. SSH 服务的安装

在大多数 Linux 发行版中，OpenSSH 可以通过系统的包管理器来安装。以下是在 Red Hat/CentOS 上安装 OpenSSH 的步骤。

（1）通过系统的包管理器来检查是否已经安装了 OpenSSH。在 Red Hat/CentOS 上，可以使用以下命令：

```
rpm -qa | grep ssh
```

如果命令返回了 OpenSSH 相关的包，那么 OpenSSH 已经安装完成。

（2）如果系统上还没有安装 OpenSSH，可以通过系统的包管理器来安装。在 Red Hat/CentOS 上，可以使用以下命令来安装 OpenSSH：

```
yum install openssh-server openssh-clients
```

（3）安装完成后，可以通过以下命令来启动和停止 OpenSSH 服务：

```
service ssh start        # 启动 OpenSSH 服务
service ssh stop         # 停止 OpenSSH 服务
```

（4）可以使用以下命令来检查 OpenSSH 服务的状态：

```
service ssh status
```

9.1.2 SSH 服务安全配置

1. 应对 SSH 服务安全风险的措施

为保障 SSH 服务的安全，需要从多个方面入手，包括密码管理、密钥管理、配置管理、网络防护等方面。

（1）使用强密码或基于密钥的身份验证方式，避免使用弱密码或空密码。这是最基本的安全实践，因为弱密码很容易被破解。基于密钥的身份验证方式（如 RSA 或 ECDSA）比传统的密码身份验证更安全，因为它们更难被猜到或更难被暴力破解。

（2）严格管理 SSH 密钥，确保私钥的存储安全并限制对私钥的访问权限。私钥是进行 SSH 通信的关键，因此必须确保其安全。这可能包括使用安全的加密存储解决方案，限制对私钥的访问，以及定期更换私钥。

（3）定期检查 SSH 服务器的配置和日志文件，及时发现并修复漏洞。这可以包括检查服务器配置是否允许了不必要的端口和服务，或者是否有任何未授权的用户访问。此外，还应定期检查日志文件以查找任何可疑的活动。

（4）使用安全协议，如 SSH2 或 OpenSSH 确保通信加密和安全。这些协议提供了安全的通信机制，包括数据加密、身份验证和完整性保护。

（5）限制 SSH 服务器的访问权限，只允许授权用户访问。这可以通过使用防火墙或其他访问控制解决方案来实现，例如，可以使用防火墙规则来限制哪些 IP 地址可以访问服务器，或者使用基于角色的访问控制（RBAC）来限制哪些用户可以执行特定的操作。

（6）定期更新 SSH 软件版本，并及时打补丁。这是因为新版本的软件通常包含对已知漏洞的修复，定期更新有助于保持服务器的安全性。

（7）部署防火墙、入侵检测系统等安全设备，加强 SSH 服务器的安全防护。这些设备可以帮助检测和阻止恶意活动，从而增强服务器的安全性。

通过实施这些措施，可以大大降低 SSH 服务的安全风险，从而保护用户的网络环境免受攻击。

2. OpenSSH 服务安全配置

某高校网络中心管理人员使用 SSH 登录 CentOS 7 服务器进行远程管理，要求对 SSH 服务进行安全加固，禁止使用 root 用户远程登录；修改 SSH 默认端口号为 2022；禁止用户登录时多次尝试获取密码；禁止除网络管理员以外的其他网段用户登录系统。

（1）禁用 root 用户登录。首先创建一个具有 root 权限的新用户，关闭 root 用户的服务器访问，可以防止攻击者实现入侵系统的目标。

创建一个新用户，并且在该用户的主目录下创建一个文件夹（-m：在用户主目录下创建用户同名目录）命令如下：

```
useradd -m serverroot
```

给新用户设置密码命令如下：

```
passwd serverroot
```

将新创建的用户添加到管理员组（sudo 是超级管理员组）。

用户创建好后，设置禁用 root 用户访问。编辑 /etc/ssh/sshd_config 文件。使用 vim 打开该文件：

```
vim /etc/ssh/sshd_config
```

禁用 root 用户访问，将下方选项设置成 no，默认是 yes（不能用 # 注释该选项）。

```
PermitRootLogin no
```

最后，使用以下命令重启 SSH 服务：

```
systemctl restart sshd
```

（2）修改 SSH 服务的默认端口。SSH 服务默认使用 22 号端口，如果要进行 SSH 登录，就需要打开服务器的 22 号端口。实际上，为了提供 SSH 服务，服务器确实默认是将 22 号端口开启的，这就给系统留下了安全隐患。为了让系统更安全，通常会另开启一个端口来支持 SSH 服务，同时将 22 号端口关闭。接下来，学习修改 SSH 默认端口的方法。

采用修改 SSH 默认端口的方法提高 SSH 的安全性。首先，来认识两个配置文件，在 ETCSSH 目录中有两个文件，SSHD_config 和 SSH_config。其中，SSHD_config 是服务端的配置文件，SSH_config 是客户端的配置文件。对于一台主机而言，它登录其他主机，它就是客户端，其他主机登录它，它就是服务器。

接下来，需要在防火墙中开启 2022 号端口，命令如下：

```
firewall-cmd --permanent --add-port=2022/tcp
```

重新加载防火墙，命令如下：

```
firewall-cmd --reload
```

（3）不允许空密码用户登录。系统上可能有一些不小心创建的没有密码的用户。不允许这类用户登录，因为这类用户为系统带来安全隐患，比如说某个人知道没有密码的用户名，就可以直接以该用户的身份登录系统。可以将 PermitEmptyPasswords 的值设置为 no，就是不允许空密码登录。

（4）禁止用户登录时多次尝试输入密码。多次尝试输入密码会系统带来安全威胁。暴力破解就是多次尝试输入密码。例如，银行卡的密码，只允许输入 3 次，超过 3 次就会锁卡。银行卡的密码由 6 位数字组成，如果允许用户一直尝试下去，最多需要尝试 100 万次，就能将密码破解了。所以，禁止访问尝试十分重要，设置方法是 sudo vim /etc/ssh/sshd_config，用户连续 5 次输入错误密码后，将自动终止 SSH 连接 MaxAuthTries 5。

（5）使用密钥登录。SSH 更安全的登录方法是使用密钥，使用密钥登录 SSH 无须输入密码，就可以直接访问服务器。首先，修改 SSH 的配置文件，使用 vim 编辑 sshd_config 文件，设置 PasswordAuthentication no，禁止使用密码登录。创建 SSH 公钥和私钥，将公钥上传到服务器，私钥存储在用户自己的计算机上，这样登录 SSH 服务器时就可以使用私钥登录了。

（6）设置允许登录的 IP 地址范围。为了控制用户登录的 IP 地址范围，禁止除网络管理员以外的其他用户登录系统，可以设置登录的 IP 地址或 IP 地址段，这样可以提高系统的安全性。编辑允许 IP 访问的配置文件 sudo vim /etc/hosts.allow。

```
sshd:192.168.91.150:allow       # 允许对某个 IP 地址访问
sshd:192.168.91.0/24:allow      # 允许对某个 IP 地址段访问
sshd:ALL                        # 禁止所有用户访问，除允许访问配置中的 IP 地址外
```

（7）结束空闲的 SSH 会话。无限期地保持 SSH 会话为打开状态不是一个好主意，因为用户可能离开工作站，这给了未授权用户在无人看管的工作站上执行命令的好机会。最好的办法是在短时间内结束空闲的 SSH 会话，不给他人留下可乘之机。

要想在一段时间后自动结束空闲的 SSH 会话，需要同时设置 ClientAliveCountMax 选项和 ClientAliveInterval 选项，例如要在 15 分钟（900 秒）后关闭不活动的会话，修改配置文件如下：

```
ClientAliveInterval 900
ClientAliveCountMax 0
```

⚠ **注意**：设置超时间隔（以秒为单位），在此间隔后，如果未从客户端接收到任何数据，sshd 服务端将通过加密的通道发送消息请求客户端回应。默认值为 0，表示不会执行该操作。

9.1.3 提升 Linux 服务安全配置实验

1. 实验目的

（1）学习 Linux 服务安全配置的基本概念和方法。
（2）掌握 Linux 服务安全配置的实际操作技能。
（3）提高 Linux 系统的安全性能。

2. 实验背景

2022 年，某企业遭受了一次针对其 SSH 服务的暴力破解攻击尝试。攻击者尝试使用自动化脚本来猜测 root 用户的密码，以便获取对企业服务器的未授权访问权限。幸好，由于企业遵循了严格的安全配置措施，攻击并未成功。企业为了预防这种情况再度发生，决定提升 Linux 服务安全配置。

3. 实验内容

（1）配置防火墙规则，限制外部访问。
（2）设置 SELinux 策略，增强系统安全性。
（3）配置 SSH 服务，提高远程登录的安全性。
（4）配置 PAM 模块，实现用户认证和授权。
（5）配置日志审计，监控系统安全事件。

4. 实验要求

（1）具备一定的 Linux 操作系统知识基础。
（2）能够熟练使用 Linux 命令行和文本编辑器。
（3）熟悉基本的网络概念，如 IP 地址、端口、协议等。
（4）对 Linux 系统管理和安全有基本的了解。

5. 实验环境

实验使用环境为 CentOS 7.4。

6. 实验步骤

步骤 1：防火墙配置

（1）安装 iptables 服务，命令如下：

```
sudo yum install iptables-service
```

（2）清空已有规则，命令如下：

```
sudo iptables -F
sudo iptables -X
sudo iptables -Z
```

（3）设置默认策略，命令如下：

```
sudo iptables -P INPUT DROP
sudo iptables -P FORWARD DROP
sudo iptables -P OUTPUT ACCEPT
```

（4）开放必要端口，命令如下：

```
sudo iptables -A INPUT -p tcp --dport 22 -j ACCEPT
```

（5）保存防火墙规则，命令如下：

```
sudo service iptables save
```

（6）设置开机启动，命令如下：

```
sudo systemctl enable iptables    sudo systemctl start iptables
```

步骤 2：SELinux 配置

（1）安装 SELinux 相关的工具和库，命令如下：

```
sudo yum install selinux-utils selinux-basics
```

（2）查看 SELinux 状态，命令如下：

```
sestatus
```

（3）修改 SELinux 配置文件，命令如下：

```
sudo vim /etc/selinux/config
```

（4）重启系统，使配置生效，命令如下：

```
sudo reboot
```

（5）验证 SELinux 配置，命令如下：

步骤 3：SSH 服务配置

（1）编辑 SSH 服务配置文件，命令如下：

```
sudo vim /etc/ssh/sshd_config
```

（2）添加或修改以下内容，命令如下：

```
PermitRootLogin no
PasswordAuthentication no
PubkeyAuthentication yes
Port 2222
```

（3）保存并退出编辑器。
（4）重启 SSH 服务使配置生效，命令如下：

```
sudo systemctl restart sshd
```

步骤 4：PAM 模块配置

（1）设置登录失败次数限制和账户锁定策略，命令如下：

```
sudo vim /etc/pam.d/system-auth
```

添加以下内容到文件中（根据需求进行调整）：

```
auth required pam_tally2.so deny=5 unlock_time=900
password required pam_cracklib.so retry=3 minlen=8 difok=3
password required pam_pwquality.so try_first_pass local_users_only retry=3 authtok_type=
password [success=1 default=ignore] pam_unix.so sha512 shadow nullok try_first_pass use_authtok
password required pam_deny.so
```

（2）保存并退出编辑器。
（3）重启 PAM 服务使配置生效，命令如下：

```
sudo systemctl restart sshd
```

步骤 5：日志审核配置

（1）安装 auditd 服务，命令如下：

```
sudo yum install auditd audispd-plugins
```

（2）配置 auditd 规则，命令如下：

```
sudo vi /etc/audit/audit.rules
```

（3）重启 auditd 服务，命令如下：

```
sudo systemctl restart auditd
```

（4）查看审核日志，命令如下：

```
sudo journalctl -u audit d.service | grep logins
```

7. 实验结果与验证

实验结果：成功应用了 iptables 规则，并通过外部网络测试验证了防火墙的有效性。SELinux 策略被正确设置和激活，增加了系统的安全限制。SSH 服务配置更新后，禁止了 root 登录，强化了认证过程。PAM 模块的配置加强了用户管理和认证机制。日志审计成功部署并运行，能够捕捉到安全相关的系统事件。提高了 Linux 服务的安全性。

验证：通过查看防火墙规则，验证防火墙配置是否正确。通过查看 SELinux 状态，验证 SELinux 配置是否正确。通过尝试 SSH 登录，验证 SSH 配置是否正确。通过查看 PAM 模块配置，验证 PAM 配置是否正确。通过查看 audit 日志，验证日志审计配置是否正确。

9.2 FTP 服务安全配置

FTP 服务
安全配置

9.2.1 FTP 服务概述

1. FTP 服务简介

文件传输协议（File Transfer Protocol，FTP）是一种网络协议，用于在网络中进行文件的上传和下载。FTP 服务在日常生活和工作中发挥着不可或缺的作用，特别是在需要频繁进行文件交换的场景中，FTP 服务显得尤为重要。

1）FTP 的作用

FTP 的主要作用是实现客户端与服务器之间的文件传输，包括上传文件、下载文件、删除文件等操作。FTP 是基于 C/S 模式的，即客户端/服务器模式。在这个模式下，客户端负责向服务器发送请求，服务器负责处理这些请求并返回相应的结果。

2）FTP 的工作原理

FTP 的工作原理主要包括两个部分：控制连接和数据连接。控制连接主要用于传输 FTP 命令和响应，而数据连接则用于实际的文件传输。在建立 FTP 连接时，客户端首先需要与服务器建立一个控制连接，然后在这个连接上发送 FTP 命令。服务器收到命令后，会进行处理并返回相应的结果。最后客户端再通过这个控制连接与服务器建立数据连接，实现文件的传输。

2. FTP 的两种传输模式

FTP 作为互联网上的重要协议之一，为文件的上传和下载提供了基础。FTP 的两种主要工作模式是主动模式（Active Mode）和被动模式（Passive Mode）。了解这两种模式的运作原理，有助于更好地理解和优化 FTP 的使用。

1）FTP 主动模式

在主动模式下，FTP 客户端随机开启一个大于 1024 的端口 N，向服务器的 21 号端口发起连接，然后开放 N+1 号端口进行监听，并向服务器发出 PORT N+1 命令。服务器接收到命令后，会用其本地的 FTP 数据端口（通常是 20 号）连接客户端指定的端口 N+1 号，进行数据传输。这种模式的特点是服务器主动连接客户端的数据端口。

2）FTP 被动模式

在被动模式下，FTP 客户端随机开启一个大于 1024 的端口 N，向服务器的 21 号端口发起连接，同时会开启 N+1 号端口。然后，向服务器发送 PASV 命令，通知服务器自己处于被动模式。服务器收到命令后，会开放一个大于 1024 的端口 P 进行监听，然后用 PORT P 命令通知客户端，自己的数据端口是 P。客户端收到命令后，会通过 N+1 号端口连接服务器的端口 P，然后在两个端口之间进行数据传输。这种模式的特点是服务器被动地等待客户端连接自己的数据端口。

3）FTP 主动模式和被动模式深入比较

主动模式和被动模式的主要区别在于，数据传输过程中连接建立的主动性。在主动模式下，服务器是主动方；而在被动模式下，客户端成为主动方。这种差异使得两种模式在不同的网络环境下有着不同的表现。

例如，在一些防火墙或网络地址转换（Network Address Translation，NAT）环境下，主动模式可能会遇到一些问题，因为防火墙或 NAT 设备可能不允许外部设备主动连接到内部网络。而在这种情况下，被动模式就能更好地工作，因为它允许客户端主动连接到服务器，避开了防火墙或 NAT 设备的限制。

FTP 的主动模式和被动模式各有其优缺点，适用于不同的网络环境和使用场景。在实际使用中，需要根据具体的网络环境和需求选择合适的工作模式。同时，对于 FTP 的性能优化，也需要深入理解这两种模式的运作原理，以便更好地调整和优化 FTP 的配置和使用。

FTP 作为一种基于 TCP 的文件传输服务，为人们的生活和工作带来了极大的便利。通过了解 FTP 的基本概念、工作原理和两种传输模式，可以更好地利用这一技术来实现文件的上传、下载、删除等操作。同时，也应该认识到，虽然 FTP 提供了便捷的文件传输手段，但在实际应用中，还需要考虑网络安全、文件加密等问题，确保文件传输的安全性和可靠性。在企业的实际环境中，一般使用被动模式，并且 FTP 默认采用被动模式。

4）FTP 端口

在 FTP 中，主要运用了两个关键端口。首先是 21 号端口，它被正式命名为命令端口，专门负责发送 FTP 请求以建立稳定的连接。其次是 20 号端口，它扮演着数据端口的角色，其职责在于确保数据的顺畅传输。这两个端口共同协作，使得 FTP 能够高效、稳定地实现文件传输功能。

5）Vsftpd 服务器简介

目前，主流的 FTP 服务器端软件涵盖了 Vsftpd、ProFTPD、PureFTPd、Wuftpd、ServerU、FTP 以及 Filezilla Server 等多种选择。在 UNIX/Linux 环境中，Vsftpd 作为 FTP 服务器端软件的应用尤为广泛。对于 FTP 的客户端连接工具，它们同样多种多样，包括 Linux 平台下的 ftp、lftp，以及 Windows 平台下的资源管理器、浏览器、Filezilla 客户端等。

Vsftpd 是 UNIX/Linux 发行版中最主流的 FTP 服务器程序，其显著优点包括小巧轻便、安全易用、稳定高效，能够很好地满足企业跨部门、多用户的使用需求。

基于 GPL 开源协议发布的 Vsftpd，在中小企业中得到了广泛应用。通过简单的上手操作，基于 Vsftpd 的虚拟用户方式，可以实现更加安全的访问验证。此外，Vsftpd 还支持基于 MySQL 数据库的安全验证，提供多重安全防护。在 FTP 的使用中，还支持使用一个账号同时进行登录，极大地提高了使用效率和便捷性。

6）Vsftpd 服务器安装配置

（1）安装 Vsftpd 服务器端。在服务器端安装 Vsftpd 主要有两种方法：其一，利用 YUM 包管理工具进行快速安装；其二，通过源码手动编译安装。尽管两种方式最终实现的功能相同，但本书推荐使用 YUM 安装方式，具体命令如下：

```
yum -y install vsftpd
```

（2）查看配置与启动服务。安装完成后，需要确认 Vsftpd 的配置文件路径、启动服务，并验证服务进程是否成功启动。具体操作如下：

```
rpm -ql vsftpd | more              # 查看配置文件路径等信息
systemctl restart vsftpd.service   # 重新启动 Vsftpd 服务
```

（3）服务管理与安全配置。为确保 Vsftpd 服务的稳定运行，需执行以下操作，即将 Vsftpd 服务设置为随系统启动，确保服务在重启后自动运行，命令如下：

```
systemctl enable vsftpd
```

开放防火墙，允许 FTP 服务的通信，命令如下：

```
firewall-cmd --permanent --add-service=ftp
firewall-cmd --reload
```

调整 SELinux 策略，允许 FTPD 完全访问，命令如下：

```
setsebool -P ftpd_full_access=on
```

以上步骤确保了 Vsftpd 服务的正确安装、配置与运行，同时提高了服务器的安全性。

9.2.2 FTP 安全配置实验

1. 实验目的

（1）安装和配置 Vsftpd。
（2）设置用户隔离，限制用户访问。
（3）启用并配置 FTP 服务的加密功能。
（4）审核和调整 FTP 服务的配置文件以确保安全性。

2. 实验背景

FTP 尽管非常方便，但未加密的 FTP 通信可能带来安全风险。2020 年，某金融服务公司在多个办公地点之间频繁共享敏感文档，因此遭到了"中间人"的攻击，使公司机密数据遭受窃听和未授权的访问，给公司造成了巨大损失。因此，了解如何安全配置 FTP 服务对于维护数据传输的安全性至关重要。

3. 实验内容

安装和配置 Vsftpd。设置用户隔离，限制用户访问。启用并配置 FTP 服务的加密功能。审核和调整 FTP 服务的配置文件以确保安全性。

4. 实验要求

（1）能够独立完成 FTP 服务的安装和基本配置。
（2）理解并应用用户隔离和权限控制。
（3）学会启用并使用 FTP 服务的安全特性。
（4）分析配置项并进行合理配置以增强安全性。

5. 实验环境

实验使用环境为 CentOS 7.4。

6. 实验步骤

步骤 1： 安装 Vsftpd

（1）在 Linux 系统中安装 Vsftpd，命令如下：

```
sudo yum install vsftpd
```

（2）编辑 Vsftpd 的配置文件，命令如下：

```
sudo vim /etc/vsftpd/vsftpd.conf
```

步骤 2： 修改以下配置项以增强安全性

```
anonymous_enable=NO        # 禁用匿名访问
local_enable=YES           # 允许本地用户登录
write_enable=YES           # 允许 FTP 命令更改系统
chroot_local_user=YES      # 将用户限制在其主目录中
secure_chroot_dir=YES      # 确保 chroot 环境是安全的
```

保存并退出编辑器，命令如下：

步骤 3： 重启 Vsftpd 服务，使更改生效

```
sudo systemctl restart vsftpd
```

测试 FTP 服务是否已经按照预期运行，可以使用 ftp 命令或任何 FTP 客户端软件尝试连接。

7. 实验结果与验证

确认已成功安装 Vsftpd 并且服务正在运行。验证配置更改后，匿名用户不能登录 FTP 服务。确认本地用户被限制在其主目录中，无法浏览文件系统的其他部分。如果启用了加密连接，请确认 FTP 客户端可以建立安全的连接，并检查数据传输是否经过加密。使用非预期行为和安全漏洞的尝试来测试系统的安全性，确保系统对此类攻击具有抵抗力。通过完成这些步骤，学生将能够理解和实践如何安全地配置和管理 Linux 系统上的 FTP 服务。

9.3 Apache 服务器安全配置

9.3.1 Apache 服务器概述

1. Apache 服务器简介

Apache 服务器作为开源软件领域的卓越代表，长期以来一直基于标准的 HTTP 网络协议为用户提供网页浏览服务，并在 Web 服务器领域占据超过半数的市场份额。这款服务器能够灵活地运行在 Linux、UNIX、Windows 等多种操作系统平台上。

追溯其起源，Apache 服务器的诞生是对早期多个 Web 服务器程序进行整合和完善的产物，其名称源自 A Patchy Server，意指在原有 Web 服务程序代码基础上进行改进（补丁）后形成的服务器程序。自 1995 年以来，Apache 服务器程序的 1.0 版本发布以来，该项目一直由 Apache Group 负责管理和维护。1999 年，Apache 软件基金会（Apache Software Foundation，ASF）在 Apache Group 的基础上成立，接手并继续推进 Apache 项目的发展。

ASF 作为一个非营利组织，起初仅负责 Apache Web 服务器项目的管理。然而，随着 Web 应用需求的不断扩展，ASF 逐渐扩大了其业务范围，囊括了众多与 Web 技术相关的开源软件项目。因此，Apache 如今不仅仅代表着 Web 服务器，而且更广泛地代表着 ASF 旗下管理的丰富多样的开源软件项目。

值得一提的是，Apache HTTP Server 在 ASF 旗下拥有极高的知名度和影响力，其正式名称为 httpd，即历史上的 Apache 网站服务器。这一项目在开源社区中享有广泛的声誉，并持续为 Web 技术的发展和应用做出贡献。

2. Apache 服务器的主要特点

Apache 服务器在功能、性能和安全性等方面均表现出色，充分满足了 Web 服务器用户的需求，具有如下主要特点。

（1）Apache 服务器以开放源代码为基石，吸引了全球众多开发者共同维护。这种开源精神使得任何人都能自由使用该服务器，进一步推动了其发展和普及。

（2）Apache 服务器具有卓越的跨平台应用能力。得益于开放的源代码，Apache 可以在绝大多数软件和硬件平台上稳定运行，包括各类 UNIX 操作系统和多数 Windows 系统。这种广泛的兼容性为 Apache 的广泛应用提供了有力支持。

（3）Apache 服务器支持多种 Web 编程语言，如 Perl、PHP、Python、Java 等，甚至兼容微软的 ASP 技术。这种多语言支持使得 Apache 在 Web 开发领域具有更广泛的应用范围。

（4）在架构设计上，Apache 采用模块化设计，将不同功能拆分为独立的模块。这种设计使得 Apache 具有良好的扩展性，便于其他软件开发商编写符合标准的模块程序，为 Apache 增添更多功能。

（5）在稳定性方面，Apache 服务器表现出色，能够应对高负载的访问量。许多知名企业网站都选择 Apache 作为 Web 服务软件，充分证明了其稳定可靠的特性。

（6）Apache 服务器在安全性方面也有良好表现。作为开源服务器程序，Apache 服务器受益于社区的共同维护，社区能够及时发现并修补该服务器的安全漏洞。这使得 Apache 成为一款相对安全的服务器程序，为用户提供可靠的保障。

9.3.2 Apache 服务器部署

Apache 是知名的 Web 服务器软件提供商，其 Web 中间件广泛应用于各类操作系统环境。Apache 服务器主要负责传输 HTML 文本文档，通过标准的 HTTP/HTTPS 协议实现网络通信，确保数据的安全可靠。Apache 服务器的默认端口为 80（用于 HTTP）和 443（用于 HTTPS）。

1）关闭防火墙、网络图形化配置工具及 SElinux

关闭 firewalld 防火墙的命令如下：

```
systemctl stop firewalld
```

关闭网络图形化配置工具的命令如下：

```
systemctl stop NetworkManager && systemctl disable NetworkManager
```

查看 SElinux 状态的命令如下：

```
getenforce
```

临时关闭 SElinux 的命令如下：

```
setenforce 0
```

永久关闭 SElinux，需要修改 /etc/selinux/config 文件，修改方法如下：

```
vim /etc/selinux/config
SELINUX=enforcing   改为 SELINUX=disabled
```

2）配置网卡静态 IP 地址

进入网卡配置目录的命令如下：

```
cd /etc/sysconfig/network-scripts/
```

编辑 ifcfg-ens33 网卡配置文件的命令如下：

```
vim ifcfg-ens33
```

修改 ifcfg-ens33 文件内容的命令如下：

```
TYPE=Ethernet
BOOTPROTO=static
NAME=ens33
DEVICE=ens33
ONBOOT=yes
IPADDR=192.168.91.133
PREFIX=24
GATEWAY=192.168.91.1
```

重启网络服务的命令如下：

```
systemctl restart network
```

3）安装 Apache 软件包

安装前应配置好 yum 源，Apache 的软件包为 bind，命令如下：

```
yum -y install httpd
```

4）启动服务，设置服务开机即启动，查看服务状态

启动 Apache HTTP Server 服务的命令如下：

```
systemctl start httpd
```

启用（或开启）Apache HTTP Server 服务，使其在系统启动时自动启动，命令如下：

```
systemctl enable httpd
```

查看 Apache HTTP Server 服务的当前状态，如果显示 Active:active（running）表示启动成功，如图 9-1 所示。

```
systemctl status httpd
```

```
[root@localhost /]# systemctl status httpd
● httpd.service - The Apache HTTP Server
   Loaded: loaded (/usr/lib/systemd/system/httpd.service; enabled; vendor preset: disabled)
   Active: active (running) since 五 2024-05-10 00:41:06 CST; 4s ago
     Docs: man:httpd(8)
           man:apachectl(8)
 Main PID: 4468 (httpd)
   Status: "Processing requests..."
   CGroup: /system.slice/httpd.service
           ├─4468 /usr/sbin/httpd -DFOREGROUND
           ├─4469 /usr/sbin/httpd -DFOREGROUND
           ├─4470 /usr/sbin/httpd -DFOREGROUND
           ├─4471 /usr/sbin/httpd -DFOREGROUND
           ├─4472 /usr/sbin/httpd -DFOREGROUND
           └─4473 /usr/sbin/httpd -DFOREGROUND
```

图 9-1　查看 Apache HTTP Server 服务的当前状态

将 HTTP 服务添加到防火墙规则中，并使该规则永久生效。这代表允许通过 HTTP 协议访问服务器上的站点，命令如下：

```
firewall-cmd --permanent --add-service=http
```

使用下面的命令重新加载防火墙规则，使最新的更改生效：

```
firewall-cmd --reload
```

5）客户端接入 Apache 服务器验证

当客户端设备与 Apache 服务器处于同一网段时，可通过 IP 地址进行访问，如图 9-2 所示。

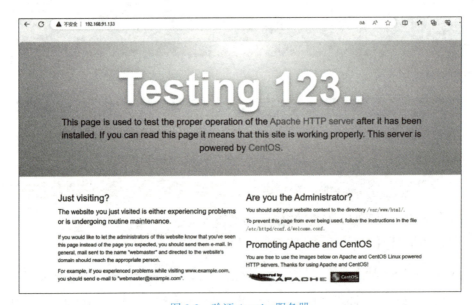

图 9-2　验证 Apache 服务器

9.3.3　Apache 服务器安全配置实验

1. 实验目的

（1）学习如何在 Linux 系统中安全地配置和安装 Apache 服务。

第 9 章 Linux 服务安全配置

（2）掌握基本的安全配置方法。

（3）提高系统的安全性。

2. 实验背景

2019 年，某中型软件开发企业蓝泰科技承接了一个为地方政府部门开发信息公开平台的项目。项目要求在政府部门的内网中部署一套 Web 服务，用于发布政府公告、政策文件和相关动态。由于涉及政府数据，安全性成为部署的首要考虑因素。为此，蓝泰科技决定采用 Apache 作为 Web 服务器，并通过安全配置来满足对安全性的需求。

3. 实验内容

安装 Apache 服务，修改 Apache 配置文件，进行安全配置，重启 Apache 服务，验证安全配置是否生效。

4. 实验要求

（1）熟悉 Linux 系统的基本操作。

（2）了解 Apache 服务的基本原理和配置方法。

5. 实验环境

实验使用环境为 CentOS 7.4。

6. 实验步骤

步骤 1： 安装 Apache 服务

在终端中输入以下命令，安装 Apache 服务，命令如下：

```
sudo apt-get update
sudo yum install httpd
```

步骤 2： 修改 Apache 配置文件

使用文本编辑器打开 Apache 的配置文件，命令如下：

```
sudo vim /etc/httpd/conf/httpd.conf
```

步骤 3： 在配置文件中进行以下安全配置

（1）禁用不必要的模块，例如：

```
#Comment out this line:LoadModule cgi_module modules/mod_cgi.so
```

（2）限制访问权限，例如：

```
<Directory "/var/www/">
    Options Indexes FollowSymLinks
    AllowOverride None
    Require all granted
</Directory>
```

（3）隐藏版本信息，例如，ServerTokens Prod。

保存并退出编辑器。

步骤4： 重启 Apache 服务

在终端中输入以下命令，重启 Apache 服务，命令如下：

```
sudo systemctl restart httpd
```

验证安全配置是否生效，在浏览器中访问 Apache 服务器的 IP 地址，查看是否能够正常访问，并检查是否已经应用了安全配置。

7. 实验结果与验证

通过本次实验，工作人员成功地在 Linux 系统中安装了 Apache 服务，并进行了安全配置。通过浏览器访问 Apache 服务器的 IP 地址，可以看到正常的网页内容，说明安全配置已经生效。

◆ 课 后 习 题 ◆

一、选择题

1. SSH 采用了（   ）技术，参与通信的设备之间的会话是加密的。

　　A. 对称密钥　　　　　B. 非对称密钥　　　　C. 明文传输　　　　D. MD5 加密

2. 下面（   ）是 SSH 命令正确的使用方法。

　　A. ssh -l 192.168.91.131　　　　　　B. ssh -o 192.168.91.131

　　C. ssh -a 192.168.91.131　　　　　　D. ssh 192.168.91.131

3. 在服务器上运行的 sshd，负责监听指定的端口默认为（　　），并处理客户端的连接请求。

　　A. 21　　　　　B. 22　　　　　C. 80　　　　　D. 81

4. FTP 的两种主要工作模式是（　　）和（　　）。

　　A. 监听模式，访问模式　　　　　　B. 安全模式，管理模式

　　C. 主动模式，被动模式　　　　　　D. 预警模式，访问模式

5. 重新启动 Vsftpd 服务的命令是（　　）。

　　A. systemctl stop vsftpd.service　　　　B. systemctl enable vsftpd.service

　　C. systemctl restop vsftpd.service　　　D. systemctl restart vsftpd.service

二、简答题

1. Apache 服务器的主配置文件是哪个？

2. 简述 FTP 的工作原理。

第 10 章

Linux 防火墙安全配置

本章导读

Linux 服务器作为企业内部网络的核心组成部分,承担着数据存储、信息传输等重要任务。确保 Linux 服务器的安全稳定运行,对企业内部网络资源的安全、防止外部攻击以及保障数据完整性和机密性具有重要意义。

Linux 服务器防火墙的安全配置是企业网络安全防护的重要环节。只有做好这一环节的工作,才能确保企业内部网络资源的安全,防止外部攻击,保障数据完整性和机密性,为企业的发展创造一个安全稳定的网络环境。企业应高度重视网络安全问题,持续加强网络安全防护能力,为企业的长远发展保驾护航。

学习目标

知识目标	<ul><li>掌握 Linux 防火墙的基本概念和功能;</li><li>掌握 iptables 的基本概念和功能;</li><li>掌握 firewalld 的基本概念和功能。</li></ul>
技能目标	<ul><li>掌握用 iptables 命令配置 Linux 防火墙的方法,提高网络安全性;</li><li>熟练配置和管理 firewalld 防火墙,提高网络安全性。</li></ul>

10.1 防火墙简介

10.1.1 防火墙概述

防火墙概述

1. 防火墙的定义

防火墙是设置在不同网络或网络安全域之间的一系列部件的组合,通过监测、限制、更改穿越防火墙的数据流,实现对外部访问内部流量的有效控制,从而确保网络的安全。防火墙的核心作用在于控制,而路由器则侧重于数据的转发。防火墙通常部署在内外网的接口处,负责对进出网络的数据包进行严格审查。在审查过程中,防火墙会将数据包的信息与预设的过滤规则逐一比对。若数据包符合某条规则,则按照该规则进行处理;若数据包与所有规则均不匹配,则将其丢弃,以确保网络的安全性。

2. 防火墙的主要功能

(1)入侵检测功能。网络防火墙技术的主要功能之一就是入侵检测,主要包括反端口扫描、检测拒绝服务工具、检测服务器入侵、检测木马或者网络蠕虫攻击、检测缓冲区溢出攻击等功能,可以极大地减少网络威胁因素,有效阻挡大多数网络安全攻击。

(2)网络地址转换功能。利用防火墙技术可以有效实现内部网络或者外部网络的 IP 地址转换。IP 地址转换可以分为源地址转换和目的地址转换,即 SNAT 和 DNAT。SNAT 主要用于隐藏内部网络结构,避免受到来自外部网络的非法访问和恶意攻击,从而有效缓解地址空间的短缺问题,而 DNAT 主要用于外网主机访问内网主机,以此避免内部网络遭受攻击。

(3)网络操作的审计监控功能。通过此功能可以有效地对系统管理的所有操作以及安全信息进行记录,提供有关网络使用情况的统计数据,从而便于进行计算机网络管理和信息追踪。

(4)强化网络安全服务。防火墙技术管理可以实现集中化安全管理,将安全系统装配到防火墙上,在信息访问途中就可以实现对网络信息安全的监管。

3. 防火墙的分类

1)根据形态分类

根据形态不同,防火墙主要分为两类:硬件防火墙和软件防火墙。

(1)硬件防火墙是一种独立的设备,通常以硬件的形式存在于网络环境中。它可以根据预设的规则对流入和流出网络的数据进行过滤和检测,以防止恶意流量进入网络。硬件防火墙的优点在于其独立性,它可以不受操作系统和软件更新等因素的影响,持续提供稳定的防护。此外,硬件防火墙还可以提供实时监控和报警功能,使得网络管理员可以及时发现并处理安全问题。

(2)软件防火墙则是一种基于操作系统的防护措施,它通过在计算机上运行防火墙软件来实现对网络安全的保护。软件防火墙主要通过对网络流量进行分析和检测,识别并阻止恶意软件和攻击行为。与硬件防火墙相比,软件防火墙的优点在于其灵活性,可以根据用户需求和网络安全策略进行定制。此外,软件防火墙还可以与其他安全软件相结合,形成一个完整的安全防护体系。

在实际应用中,硬件防火墙和软件防火墙往往结合使用,以达到更全面、更高效的安全防护效果。硬件防火墙负责阻挡外部恶意流量,确保网络边界的安全;软件防火墙则负责对内部网络进行监控,防止恶意软件的传播和攻击。

2)根据部署方式分类

根据部署方式不同,防火墙可以分为两种类型:单机防火墙和网络防火墙。

(1)单机防火墙,顾名思义,是针对单台计算机进行保护的防火墙。单机防火墙通常是计算机系统的一个安全组件,用于防止恶意软件、病毒、黑客攻击等威胁。单机防火墙主要通过审查传入和传出数据包的方式,对计算机内的敏感信息进行保护。它能够识别并阻止恶意软件的传播,确保计算机系统安全、稳定地运行。

(2)网络防火墙则是针对整个网络环境进行安全防护的设备。它通常部署在企业或组织的网络入口处,用于审查进入网络的数据包。网络防火墙可以对数据包进行深度检测,分析其中的内容、协议和端口等信息,从而防止潜在的攻击和威胁。除此之外,网络防火墙还具备流量控制、VPN(虚拟专用网络)等功能,能够有效提高整个网络环境的安全性。

在实际应用中,单机防火墙和网络防火墙往往联合使用,以达到更全面的安全防护效果。单机防火墙侧重于保护单台计算机的安全,而网络防火墙则关注整个网络环境的安全。

3)按照防护原理分类

按照防护原理不同,防火墙分为三大类:包过滤防火墙、应用代理防火墙和状态检测防火墙。无论一个防火墙的实现过程多么复杂,归根结底都是在这三种技术的基础上进行功能延伸。

(1)包过滤防火墙将对每一个接收到的包做出允许或拒绝的决定。具体地讲,它针对每一个数据包的包头,按照包过滤规则进行判定,与规则相匹配的包依据路由信息继续转发,否则就丢弃。包过滤是在 IP 层实现的,包过滤根据数据包的源 IP 地址、目的 IP 地址、协议类型源端口、目的端口等包头信息及数据包传输方向等信息来判断是否允许数据包通过。包过滤也包括与服务相关的过滤,这是指基于特定的服务进行包过滤。由于绝大多数服务的监听都驻留在特定的 TCP/UDP 端口,因此,为阻断所有进入特定服务的链接,防火墙只需将所有包含特定 TCP/UDP 目的端口的包丢弃即可。Linux 系统中的 firewalld、iptables 防火墙都属于包过滤防火墙。

优点:处理数据包的速度较快;包过滤防火墙对用户和应用来说是透明的。

缺点:包过滤防火墙的维护较困难,只能阻止一种类型的 IP 地址欺骗等。

(2)应用代理防火墙也被称作代理服务器防火墙,是为了弥补数据包过滤和应用级网关技术存在的缺点而引入的防火墙技术。应用代理防火墙将所有跨越防火墙的网络通信链路分为两段。防火墙收到用户对某个站点的访问请求后,就会检查该请求是否符合控制规则。如果相应规则允许该用户访问站点,那么防火墙就会代替客户机访问站点并获取相应信息,然后将获取的信息转发给用户。内外网用户的跨网络访问都是通过防火墙上的"链接"实现的,从而起到了隔离内外网的作用。

优点:采用代理机制工作,内外部通信需要经过代理服务器审核,因此可以避免入侵者使用数据驱动攻击渗透内部网络。

缺点:性能差,处理速度慢,一般单纯使用代理防火墙的应用场景较少。

(3)状态检测防火墙在网络层有一个检查引擎,用于截获数据包并抽取与应用层状态有关的信息,并且以此为依据决定接受或拒绝该连接。这种技术提供了高度安全的解决方案,同时具有较好的适应性和扩展性。状态检测防火墙一般也包括一些代理级服务,它们提供附加的对特定应用程序数据内容的支持。状态检测技术最适合提供对 UDP 协议的有限支持。它将所有通过防火墙的 UDP 分组均视为一个虚拟连接,当反向应答分组送达时,就认为一个虚拟连接已经建立。

状态检测防火墙具备简单包过滤防火墙的优点，性能比较好，同时对应用是透明的。相比于包过滤防火墙，状态检测防火墙大大提高了网络的安全性。这种防火墙摒弃了简单包过滤防火墙仅审查进出网络的数据包，不关心数据包状态的缺点，在防火墙的核心部分建立状态连接表，对连接进行维护，将进出网络的数据当成一个个事件来处理。可以说，状态检测防火墙和包过滤防火墙规范了网络层和传输层的行为，而应用代理防火墙则是规范了特定的应用协议的相关行为。

优点：在处理网络流量时，有效防范利用协议漏洞的攻击；防火墙无须开放过多端口以允许流量通行，这一特点显著缩小了潜在的攻击面，增强了网络的安全性；具备详尽的日志记录功能，利于数字取证工作，同时也降低了暴露端口扫描器的风险。

缺点：成本更高，且其配置需要更专业的技术知识，会对网络性能产生一定影响，导致网络延迟。

4. 防火墙的局限性

防火墙在网络安全防护中占据重要地位，然而也存在一定的局限性和不足。

1）防火墙对内部安全性的关注不足

防火墙的主要职责是抵御外部攻击者对企业网络的入侵，但在防范内部安全威胁方面存在局限性。若内部员工故意泄露企业机密或从事其他有害活动，防火墙难以有效应对。因此，在制定安全策略时，企业应加强对内部安全性的重视，增强员工的安全意识，以弥补这一短板。

2）防火墙难以应对新型安全威胁

尽管防火墙能够阻挡众多已知的安全威胁，但面对新型风险时，其防御能力有限。由于防火墙主要依赖预设规则识别和阻止恶意行为，而新型威胁往往不在这些规则之列。为解决此问题，企业需不断更新防火墙规则，以便及时应对新出现的安全威胁。

3）深度监测功能与处理转发性能之间的平衡

深度监测功能能够详尽分析网络流量，提高恶意行为的识别效率。然而，这也会增加防火墙的负担，影响其转发性能。因此，防火墙需要在确保深度监测功能的同时，实现处理与转发的平衡，确保网络性能不受影响。

4）防火墙在端到端加密场景下的限制

加密技术能够保护数据传输的隐私性和完整性，但同时也给防火墙带来挑战。由于防火墙无法解密和加密数据，因此无法对加密隧道中的内容进行监测和过滤。为解决此问题，企业可采用加密关键字识别等技术，对加密流量进行适度监控。

5）防火墙本身的瓶颈问题

防火墙在抵御攻击时可能面临瓶颈，如抗攻击能力受限和会话限制等。例如，在应对大规模分布式拒绝服务（DDoS）攻击时，防火墙的抗攻击能力可能受到挑战。此外，防火墙对会话的限制，如会话超时等，可能影响用户体验。因此，企业在选择防火墙时，需充分考虑这些因素，选用具备较高的抗攻击能力和灵活的会话控制的设备。

6）防火墙在防范病毒和木马方面的局限性

尽管防火墙能够阻止携带病毒的文件进入网络，但无法完全防止病毒和木马在网络内传播。为确保网络安全，企业需要部署防病毒软件、入侵检测系统等安全工具，使其与防火墙相互配合，共同构建多层次、多方位的安全防护体系。

防火墙在网络安全防护中占据重要地位，但并非万能。企业在制定安全策略时，应充分认识防火墙的局限性，并结合其他安全技术，构建多层次、多方位的安全防护体系，真正确保网络的安全性。

10.1.2 Linux 防火墙技术

Linux 作为一种广泛应用于服务器和嵌入式系统的操作系统，其防火墙技术在网络安全领域发挥着重要作用。Linux 防火墙体系主要工作在网络层，针对 TCP/IP 数据包实施过滤和限制，因此被归类为包过滤防火墙，或称网络层防火墙。

Linux 防火墙体系的核心在于内核编码实现，这使得其具备出色的稳定性能和较高的效率。相较于其他类型的防火墙，Linux 防火墙在处理大量网络数据包时仍能保持较低的延迟，因此在企业级应用场景中，得到了广泛的采纳。

通过防火墙命令工具，Linux 防火墙可以实现对企业网络的细粒度管理，在确保网络安全的同时，兼顾网络性能。在实际应用中，Linux 防火墙不仅可以防范外部攻击，还可以防止内部网络数据的泄露，从而全面提升企业的安全防护能力。

10.1.3 优化 Linux 防火墙安全配置实验

1. 实验目的

（1）优化 Linux 防火墙安全配置。
（2）提高服务器的安全性。

2. 实验背景

2021 年 6 月，某企业遭受了一次针对其内部网络的 DDoS 攻击，攻击者利用大量受感染的设备向企业的公共服务器发起请求。由于这些请求超出了服务器的处理能力，导致正常业务受到影响。该企业为了解决这一问题，决定优化 Linux 防火墙安全配置。

3. 实验内容

（1）了解常见的网络安全威胁。
（2）掌握 Linux 防火墙的高级配置方法。
（3）学会使用 iptables 命令进行高级防火墙配置。

4. 实验要求

（1）熟悉 Linux 操作系统。
（2）具备基本的 Linux 命令行操作能力。
（3）了解 TCP/IP 和网络基础知识。

5. 实验环境

实验使用环境为 CentOS 7.4。

6. 实验步骤

步骤 1： 查看当前防火墙的状态

```
sudo firewall-cmd --state
```

步骤 2： 启用防火墙

```
sudo systemctl start firewalld
sudo systemctl enable firewalld
```

步骤 3： 设置默认策略为拒绝

```
sudo firewall-cmd --panic-on
```

步骤 4： 允许特定端口通行

```
Sudo firewall-cmd --zone=public --add-port=22/tcp --permanent
```

步骤 5： 禁止特定 IP 地址访问

```
sudo firewall-cmd --zone=public --add-rich-rule='rule family="ipv4" source address="192.168.1.100" drop' --permanent
```

步骤 6： 限制特定 IP 地址访问特定端口

这一步在前面的步骤中已经被覆盖，因此不需要重复添加规则。

步骤 7： 限制特定 IP 地址访问特定服务

```
sudo firewall-cmd --runtime-to-permanent
```

步骤 8： 保存防火墙配置

```
sudo firewall-cmd --list-all
```

步骤 9： 再次查看防火墙状态，确认配置生效

```
sudo firewall-cmd --zone=public --add-rich-rule='rule family="ipv4" source address="192.168.1.100" port protocol="tcp" port="80" accept' --permanent
```

7. 实验结果与验证

实验结果：通过以上步骤，完成了优化 Linux 防火墙的高级配置。

验证：通过命令 systemctl status iptables 查看防火墙状态，确认配置是否生效。

10.2 iptables 基本结构和工作原理

iptables 管理防火墙配置应用

10.2.1 iptables 简介

iptables（netfilter/iptables）作为 Linux 系统下一款功能强大的网络包过滤工具，具有设置、维护和检查系统 IPv4 数据包过滤规则的重要功能。iptables 为用户提供了自定义防火墙规则的途径，从而实现了对网络数据包进出的精确控制。

iptables 在 IPv4 数据包过滤规则的设置、维护和检查方面发挥着至关重要的作用。这款工具赋予用户自定义防火墙规则的权限，从而实现对网络数据包进出行为的精准控制。在网络安全日益重要的今天，iptables 在众多领域中都发挥着举足轻重的作用。

1. iptables 的核心功能

（1）高效过滤：iptables 能够根据数据包的源地址、目的地址、协议类型等属性进行高效过滤，确保恶意流量被有效阻挡，从而保护网络的安全。

（2）灵活的规则配置：iptables 支持用户自定义防火墙规则，用户可以根据实际需求设置允许或拒绝特定 IP 地址、端口、协议等。这使得 iptables 在应对多样化的网络攻击时具有较高的适应性。

（3）易于维护：iptables 提供了方便的命令行接口，用户可以轻松地查看、添加、删除和修改防火墙规则。这大大降低了网络管理员在维护防火墙时的负担。

（4）高度可定制：iptables 支持多种链式匹配方式，例如，REJECT、DROP、ACCEPT 等，用户可以根据需要灵活组合这些链式匹配器，实现对网络流量的精细化管理。

（5）跨平台兼容：iptables 不仅在 Linux 系统上表现出良好的兼容性，还可以在其他操作系统上运行，如 FreeBSD、OpenBSD 等。这为用户在不同平台上实施网络安全防护提供了便利。

（6）社区支持：iptables 有着庞大的用户群体和活跃的社区，用户可以在社区中获取丰富的资源、教程和技术支持。这使得 iptables 在不断演进的过程中，能够更好地满足用户需求。

2. iptables 和 netfilter 的关系

在 Linux 操作系统中，iptables 是一款广受欢迎的防火墙管理工具。许多人可能认为 iptables 就是 Linux 防火墙的全部，但实际上，它只是整个防火墙机制的一个组成部分。iptables 位于 Linux 系统的 /sbin/iptables 目录下，它的主要作用是方便管理员对防火墙进行配置和管理。iptables 的核心功能是通过规则匹配，对进入或离开本地网络的数据包进行过滤和拦截。这种过滤机制是基于 Linux 内核中的 netfilter 模块实现的。

netfilter 在 Linux 内核中拥有极高的优先级，可以对数据包进行实时过滤和处理。它的主要特点是速度快、性能高效，同时具有很强的可扩展性，可以通过编写自定义的模块实现各种复杂的过滤规则。在 netfilter 框架下，iptables 只是众多防火墙工具中的一种。

iptables 通过调用 netfilter 提供的接口，实现对数据包的过滤。

3. iptables 的基本结构

在 iptables 中有 4 个表和 5 个链。这 4 个表分别为 Filter 表、NaT 表、Mangle 表和 Raw 表，每个表下都包含了一系列关键的规则链，如 INPUT 链、OUTPUT 链、FORWARD 链、PREROUTING 链和 POSTROUTING 链。

规则链是一种处理数据包的机制，可以对数据包进行过滤或处理，以保护网络免受恶意攻击和威胁。防火墙是网络安全防护的重要设施，而规则链则是防火墙中的核心部分，负责容纳各种防火墙规则，对网络流量进行实时监控和处理，如表 10-1 所示。

表 10-1 规则链

序号	链 名	功 能
1	INPUT	进入的数据包应用此规则链中的策略
2	OUTPUT	发出的数据包应用此规则链中的策略
3	FORWARD	转发数据包时应用此规则链中的策略
4	PREROUTING	对数据包做路由选择前应用此链中的规则
5	POSTROUTING	对数据包做路由选择后应用此链中的规则

4. 规则表

规则表是一种重要的配置和管理工具，用于对网络数据包进行处理和控制。规则表的优先级分为 4 个层次，分别是 Filter、Nat、Mangle 和 Raw。这 4 个层次分别负责处理不同类型的网络数据包，共同构建了强大的网络管理和安全防护体系。在实际应用中，根据需求可以灵活配置这 4 个层次的规则，以满足各种网络环境和场景的需求。

1）Filter 表

Filter 表是 Linux 内核中负责过滤数据包的关键表之一，它在网络协议栈中扮演着举足轻重的角色。Filter 表主要包括 3 个链：INPUT、FORWARD 和 OUTPUT，这些链分别对应网络接口的输入、转发和输出数据包，通过对这 3 个链进行配置和策略设置，可以实现对数据包的过滤、修改和处理等功能，如表 10-2 所示。

表 10-2 Filter 表

链 名	功 能
INPUT	负责过滤所有目的地址是主机地址的数据包。通俗地讲，就是过滤进入主机的数据包
FORWARD	负责转发流经主机的数据包。起转发的作用，和 Nat 表关系紧密，后面会详细介绍。IVSNAT 模式：net.ipv4.ip forward＝0
OUTPUT	处理所有源地址是本机地址的数据包，通俗地讲，就是处理从主机发出去数据包

⚠ 注意：对 Filter 表的控制是实现主机防火墙功能的重要手段，特别是对 INPUT 链进行控制的重要手段。

2）Nat 表

Nat 表负责网络地址转换，即目的 IP 地址和 port 的转换，通常与局域网共享上网服务或者特殊的端口转换服务相关。Nat 表包含 3 个关键链：OUTPUT、PREROUTING 和 POSTROUTING，这 3 个链共同构成了 Nat 表，实现了网络地址转换的核心功能。而在实现这些功能的过程中，内核模块 iptable_nat 扮演着关键角色。iptable_nat 内核模块负责管理 Nat 表，并根据链的配置对数据包进行相应的处理。通过合理配置 Nat 表和 iptable_nat 模块，可以实现端口映射、私有地址转换等网络通信需求，如表 10-3 所示。

表 10-3 Nat 表

链 名	功 能
OUTPUT	和主机发出去的数据包有关。改变主机发出数据包的目的地址
PREROUTING	在数据包到达防火墙时进行路由判断之前执行的规则，作用是改变数据包的目的地址、目的端口等（通俗的比喻就是，寄信时，根据规则重写收件人的地址）。例如，把公网 IP：124.42.60.113 映射到局域网的 10.0.0.19 服务器上。如果是 Web 服务，可以把 80 转换为局域网服务器上的 9000 端口
POSTROUTING	在数据包离开防火墙时进行路由判断之后执行的规则，作用是改变数据包的源地址、源端口等。（通俗的比喻就是，寄信时，写好发件人的地址，要让对方在回信时能够有地址可回）例如，用户现在的笔记本电脑和虚拟机都是 10.0.0.0/24，就是在出网时被企业路由器将源地址改成了公网地址。生产应用为局域网共享上网

3）Mangle 表

Mangle 表是 Linux 内核中用于修改数据包的服务类型、TTL（生存时间）以及实现 QoS（服务质量）的关键模块。在网络通信中，数据包在经过路由器或其他网络设备时，可能会经过各种处理和调整。Mangle 表的作用就是在数据包传输过程中，对特定的服务类型进行有针对性的处理，以满足不同的网络需求，如表 10-4 所示。

表 10-4 Mangle 表

链 名	功 能
PREROUTING	在数据包进入网络设备之前，PREROUTING 链就可以对其进行处理。这个链的作用是在数据包离开网络设备之前，对其进行路由和 QoS 相关修改。例如，可以在此链中设置数据包的下一跳路由器，或者修改数据包的 TTL 等
POSTROUTING	与 PREROUTING 链类似，POSTROUTING 链也在数据包离开网络设备之前进行处理。但不同的是，POSTROUTING 链主要用于修改数据包的输出路由，以便在网络中更好地传输。同样，也可以在此链中设置数据包的下一跳路由器，或者修改数据包的 TTL 等
INPUT	当数据包进入网络设备时，INPUT 链会对数据包进行处理。这个链主要用于检查数据包的源地址和目的地址，以便根据预设的规则进行路由和 QoS 处理。在此链中，可以配置一些安全策略，如拒绝特定来源的数据包，或者对特定目标的数据包进行优先级调整等
OUTPUT	与 INPUT 链相对应，OUTPUT 链用于处理网络设备发出的数据包。在这个链中，可以对数据包的目的地址、下一跳路由器等进行修改，以满足特定的服务质量要求。此外，还可以针对特定协议（如 TCP、UDP 等）进行设置，以实现更精细化的 QoS 控制
FORWARD	用于处理网络设备的中间转发过程。在这个链中，可以对转发过程中的数据包进行路由和 QoS 调整。例如，可以根据目的地址和源地址的匹配条件，修改数据包的下一跳路由器，或者调整数据包的优先级等

4）Raw 表

Raw 表包含两个链，分别是 OUTPUT 链和 PREROUTING 链。其作用：决定数据包是否被状态跟踪机制处理，其内核模块为 iptable_raw。

Raw 表主要用于决定数据包是否应被跟踪或由特定的连接跟踪模块处理。由于 Raw 表的优先级最高，它可以在系统进行 ip_conntrack（连接跟踪）之前对收到的数据包进行处理，如表 10-5 所示。

表 10-5 Raw 表

链 名	功 能
OUTPUT	主要用于处理输出数据包，也就是从本地主机发出的数据包。在发送数据包之前，内核会检查 OUTPUT 链中的规则，判断该数据包是否符合条件。如果符合条件，内核会将数据包发送出去；否则，数据包将被丢弃。此外，OUTPUT 链还会影响数据包的状态跟踪，例如，当数据包被标记为待处理时，内核会跟踪这些数据包的状态，以便在后续的处理过程中做出相应的决策
PREROUTING	主要用于处理进入网络的数据包。与 OUTPUT 链类似，内核会在数据包进入网络之前检查 PREROUTING 链中的规则。如果数据包符合链中的规则，内核会允许数据包继续前进；否则，数据包将被丢弃。同样，PREROUTING 链也会影响数据包的状态跟踪

5. iptables 传输数据包的过程

iptables 传输数据包的过程可以分为多个阶段，每个阶段都有其特定的处理逻辑，图 10-1 所示为 iptables 传输数据包的过程。当数据包进入网卡时，其首要环节是进入 PREROUTING 链。在此阶段，内核将依据数据包的目的 IP 地址，审慎判断它是否需要被转发至外部网络。若数据包的目的地址为本机，则它将沿着既定路径继续向下移动，最终抵达 INPUT 链。一旦数据包进入 INPUT 链，本机内的所有相关进程均将接收到该数据包。本机运行的程序同样可以发送数据包，这些数据包将依次经过 OUTPUT 链，并最终在 POSTROUTING 链完成输出。若数据包需要被转发至外部网络，且内核已启用转发功能，则数据包将按照图 10-1 所示的方向向右移动，经过 FORWARD 链，最终在 POSTROUTING 链完成输出。在整个过程中，内核将确保数据包的正确转发，以维持网络通信的顺畅与稳定。

数据包的流向是从左向右！

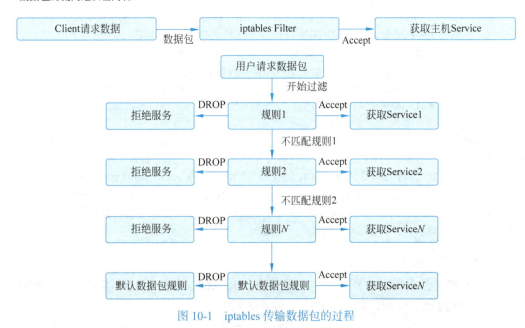

图 10-1 iptables 传输数据包的过程

10.2.2 iptables 常用命令

1. iptables 基本命令

（1）iptables 查看帮助、查看版本、启动、查看防火墙运行状态和查看内核的命令如下：

```
[root@localhost ~] #iptables -h                        # 查看帮助
[root@localhost ~] #iptables -V                        # 查看版本
[root@localhost ~] #service iptables start             # 启动 iptables
[root@localhost ~] #/etc/init.d/iptables status        # 查看防火墙运行状态
[root@localhost ~] #lsmod |egrep "nat|filter"          # 查看内核
```

（2）添加内核模块的方法如下：

```
modprobe ip_tables
modprobe iptable_filter
modprobe iptable_nat
modprobe ip_conntrack
modprobe ip_conntrack_ftp
modprobe ip_nat_ftp
modprobe ipt_state
```

（3）iptables 规则的查看和清除命令如下：

```
Iptables [-t 表名]   [选项]   -n
                    L 查看
                    F 清除
                    X 清除自定义链
                    Z 清除所有链统计
                    n 以端口和 IP 显示
```

2. iptables 语法规则

（1）iptables 命令的基本结构如下：

```
iptables [-t table] [-L|A|D|R|...] [chain] [rule-specification]
```

上述代码各部分的含义如下：
- -t table：指定要操作的表（例如 Filter、Nat、Mangle、Raw）；
- -L：列出规则；
- -A：添加规则；
- -D：删除规则；
- -R：替换规则；
- chain：指定链名（如 INPUT、OUTPUT、FORWARD 等）；
- rule-specification：指定规则的详细信息和匹配条件。

（2）规则规范包含了一系列匹配条件和一个控制动作，基本格式如下：

```
[match options] -j target
```

上述代码各部分的含义如下：
- match options：一系列匹配条件，如 -p tcp（协议为 TCP）、-s 192.168.1.0/24（源 IP 地址范围）、--dport 80（目的端口为 80）等；
- -j target：指定控制动作，如 ACCEPT（接收数据包）、DROP（丢弃数据包）、REJECT（拒绝数据包并发送错误响应）或 LOG（记录数据包信息）等。

（3）一些举例。
① 允许所有来自本地主机的 SSH 连接，命令如下：

```
netstat -lntup |grep ssh    # 查看SSH端口
iptables -A INPUT -p tcp --dport 22 -j ACCEPT
```

② 拒绝所有进入的 ICMP 请求，命令如下：

```
iptables -A INPUT -p icmp -j DROP
```

③ 记录所有进入的数据包并丢弃，命令如下：

```
iptables -A INPUT -j LOG --log-prefix "INPUT:"
iptables -A INPUT -j DROP
```

④ 保存规则。为了在系统重启后保留 iptables 规则，通常需要将规则保存到一个文件中，并在系统启动时加载，这可以通过 iptables-save 和 iptables-restore 命令实现。

```
iptables-save > /etc/iptables/rules.v4
```

然后，在 /etc/rc.local 中或使用 systemctl 创建一个服务，在系统启动时加载规则。

```
iptables-restore < /etc/iptables/rules.v4
```

3. 注意事项

（1）在编辑防火墙规则之前，建议先备份现有规则。
（2）在生产环境中应用规则之前，最好先在测试环境中验证规则。
（3）iptables 规则是按照它们在链中的顺序进行匹配的，一旦找到匹配项，就会执行相应的动作，并停止进一步的匹配。
（4）在设置 iptables 规则时要小心，不要阻止所有传入或传出的通信，因为这可能会导致系统无法访问。

10.2.3 iptables 规则管理实验

1. 实验目的

（1）理解 Linux 系统中防火墙 iptables 的基本概念和工作原理。

（2）掌握 iptables 的配置方法和常用命令。
（3）学习如何通过 iptables 实现基本的网络安全策略。

2. 实验背景

某公司是一家提供在线服务的中型企业，其服务器托管在云数据中心。随着业务的发展，该公司开始面临越来越多的网络安全威胁，如 DDoS 攻击、未授权访问和恶意软件入侵等。为了保护企业的敏感数据并确保在线服务的稳定性，该公司的 IT 部门决定采用 Linux 服务器，并利用 iptables 构建一套强大的防火墙系统来提升网络安全级别。

3. 实验内容

查看当前系统的 iptables 规则，添加、删除和修改 iptables 规则，配置基于 iptables 的网络安全策略。

4. 实验要求

（1）熟悉 Linux 系统的基本操作。
（2）了解网络基本概念，如 IP 地址、端口、协议等。

5. 实验环境

实验使用环境为 CentOS 7.4。

6. 实验步骤

步骤 1： 查看当前系统的 iptables 规则

（1）在终端中输入以下命令，查看当前系统的 iptables 规则，命令如下：

```
sudo iptables -L -n -v
```

（2）添加一条允许来自特定 IP 地址的数据包通过的规则。
允许 IP 地址为 192.168.1.100 的数据包通过，命令如下：

```
sudo iptables -A INPUT -s 192.168.1.100 -j ACCEPT
```

步骤 2： 添加一条禁止特定端口的数据包通过的规则

（1）禁止端口号为 80 的数据包通过，命令如下：

```
sudo iptables -A INPUT -p tcp --dport 80 -j DROP
```

（2）分别输入以下命令，删除刚刚添加的两条规则，命令如下：

```
sudo iptables -D INPUT -s 192.168.1.100 -j ACCEPT
sudo iptables -D INPUT -p tcp --dport 80 -j DROP
```

步骤 3： 保存 iptables 规则

将当前的 iptables 规则保存到文件中，命令如下：

```
sudo iptables-save > /etc/sysconfig/iptables
```

步骤 4：重启 iptables 服务

重启 iptables 服务，使新的规则生效，命令如下：

```
sudo systemctl restart iptables
```

7. 实验结果与验证

在完成实验步骤后，可以通过再次查看 iptables 规则来验证规则是否添加、删除成功。例如，输入以下命令查看 iptables 规则：

```
sudo iptables -L -n -v
```

可以通过尝试访问被禁止的端口号或 IP 地址来验证防火墙规则是否生效。例如，禁止了端口 80，那么在浏览器中访问相应的网站时，应该不会成功，无法打开网站的页面。如果禁止了特定 IP 地址，那么该 IP 地址应该无法访问本机。

10.3 firewalld 防火墙

firewalld 防火墙概述

10.3.1 firewalld 防火墙概述

firewalld 防火墙是 CentOS 7 系统默认的防火墙管理工具，取代了之前的 iptables 防火墙。firewalld 防火墙也工作在网络层，属于包过滤防火墙。

1. firewalld 和 iptables 分析

firewalld 和 iptables 都是用来管理防火墙的工具（属于用户态），用于定义防火墙的各种规则功能，内部结构都指向 netfilter 网络过滤子系统（属于内核态），用于实现包过滤防火墙功能。

firewalld 提供了支持网络区域所定义的网络连接以及接口安全等级的动态防火墙管理工具。它支持 IPv4、IPv6 防火墙设置，以及以太网桥（在某些高级服务中可能会用到，比如云计算），并且拥有两种配置模式：运行时配置和永久配置。

2. firewalld 和 iptables 的区别

iptables 主要基于接口来设置规则，从而判断网络的安全性。firewalld 则会根据不同的区域来设置不同的规则，从而保证网络的安全，与硬件防火墙的设置类似。

iptables 在 /etc/sysconfig/iptables 中储存配置，firewalld 将配置储存在 /etc/firewalld/（优先加载）和 /usr/lib/firewalld/（默认的配置文件）中的各种 XML 文件里。使用 iptables，每进行一次单独更改都意味着清除所有旧有的规则和从 /etc/sysconfig/iptables 里读取所有新规则。而使用 firewalld 不会再创建任何新的规则，仅运行规则中的不同之处。因此 firewalld 可以在运行时间内，改变设置而不丢失现有连接。iptables 防火墙类型为静态防火墙，firewalld 防火墙类型为动态防火墙。

10.3.2 firewalld 防火墙配置方式

1. 系统管理员与 firewalld 的交互方式

系统管理员可通过以下三种主要方式与 firewalld 交互。
（1）直接编辑 /etc/firewalld 中的配置文件。
（2）使用 firewall-config 图形工具。
（3）从命令行使用 firewall-cmd。

firewalld 防火墙配置与管理

2. firewalld 区域的概念

firewalld 动态防火墙管理器服务（Dynamic Firewall Manager of Linux Systems）是目前 CentOS 7 以上版本默认的防火墙管理工具，同时拥有命令行终端和图形化界面的配置工具。

1）firewalld 加入了"区域"的概念

简单来说，为用户预先准备了几套防火墙策略集合（策略模板），用户可以根据生产场景的不同而选择合适的策略集合，从而实现了防火墙策略之间的快速切换。firewalld 区域（zone）是数据包入站和出站的过滤规则集合。在防火墙处理数据包时，不同区域拥有不同的安全策略和过滤粒度，这反映了各个区域对安全性的不同要求。可以将这些区域类比为安全检查的关卡，每个关卡对数据包的处理方式各不相同，有的关卡严格细致，有的则相对宽松。

在 firewalld 中，网络接口卡被分配到不同的区域，以实施相应的安全策略。系统默认定义了 9 个区域，包括 block、dmz、drop、external、home、internal、public、trusted 和 work。每个区域都有其特定的默认行为，这些行为决定了如何处理进入和离开该区域的数据包。

在 CentOS 7 系统中，firewalld 的默认区域设置为 public。这意味着，除非特别指定，否则所有网络接口卡都将应用 public 区域的规则。这种设计使得系统管理员能够灵活地根据网络环境和安全需求，为每个网络接口卡配置适当的区域和过滤规则。

2）firewalld 的默认区域

firewalld 默认了如下 9 个区域。

（1）drop（丢弃）：任何接收到的网络数据包都将被丢弃，不会有任何回复。这意味着只有发送出去的网络连接会被保留。

（2）block（阻止）：任何尝试接收的网络连接都将被明确阻止，并通过 IPv4 的 icmp-host-prohibited 信息和 IPv6 的 icmp6-adm-prohibited 信息进行通知。

（3）public（公共）：此时，不能信任网络内的其他计算机，因此只能接收经过筛选和选择的连接。

（4）external（外部）：特别是为路由器启用了伪装功能的外部网。不能信任来自网络的其他计算，不能相信它们不会对用户的计算机造成危害，只能接收经过选择的连接。

（5）dmz（非军事区）：用于公开访问的环境，如用户的非军事区内的计算机。虽然此区域可有限地进入用户的内部网络，但只能接收经过选择的连接。

（6）work（工作）：适用于工作区域。在这种情境下，用户可以基本信任网络内的其他计算机不会危害自己的计算机，但仍仅接收经过选择的连接。

（7）home（家庭）：适用于家庭网络环境。在这种情境下，用户可以基本信任网络内的其他计算机不会危害自己的计算机，但也仅接收经过选择的连接。

（8）internal（内部）：适用于完全受信任的内部网络。在这种情境下，用户可以基本信任网络内的其他计算机不会危害自己的计算机，但仍只接收经过选择的连接。

（9）trusted（信任）：最为宽松，它接收所有不同来源的网络连接。

在这些策略中，选择一个作为默认策略是可行的。一旦接口连接被 NetworkManager 管理，它们将自动成为默认策略。在安装过程中，firewalld 的默认策略被设定为 public（公共）区域。

3. 区域的目标

（1）DEFAULT（默认）：默认拒绝数据包，只有选中的服务或端口才允许通过。

（2）ACCEPT（接收）：默认允许所有数据包通过。

（3）%%REJECT%%（拒绝）：默认丢弃任何数据包。

（4）DROP（丢弃）：默认丢弃数据包，不反馈信息。

区域安全程度取决于管理员设置的规则，每个区域有限制程度不同的规则，只允许符合规则的流量传入。可以根据网络规模使用一个或多个区域，但每个活跃区域至少需要关联源地址或接口。public 区域是默认区域，包含所有接口。

用户可以选择合适的安全区域，简化并避免安全问题。也可以根据需要或安全评估进行个性化配置，以符合安全管理规范的要求。虽然有些安全域规则相同，但使用不同的名称有助于用户理解和区分不同的使用场景。

可为每个区域设置预定义服务（特定端口与协议组合），添加 netfilter 助手模块、IPv4 和 IPv6 目的地址。可定义 TCP 或 UDP 端口，也可定义端口范围。ICMP 阻塞可限制选定 ICMP 消息。伪装是地址转换格式，私有地址可映射到公有 IP 地址或隐藏在公有地址后。端口转发可将端口映射到另一台主机的同一端口或同一主机 / 其他主机的另一端口。富语言规则通过额外的源地址和目的地址、日志、行为、对日志和行为的限定来扩展元素。

4. 区域的应用顺序

每个区域有一套规则，如果存在多个区域，那么一个被允许的数据包应该采用哪个区域定义的规则呢？

firewalld 依次应用以下区域：源地址绑定的区域、网络接口（连接）所绑定的区域，以及 firewalld 配置的默认区域。

对通过的每一个数据包，firewalld 将首先检查其源地址。如果该源地址被绑定到了特定区域，则将分析并应用该区域的规则。如果该源地址并未被绑定到某个区域，则将数据包交由网络接口（收到该数据包的接口）所绑定的区域。如果网络接口未与某区域绑定，则将使用默认区域。默认情况下，系统会使用 public 区域作为默认区域，但是系统管理员可以将默认区域更改为其他区域。在这个过程中，一旦找到匹配的区域，系统就直接应用其定义的规则，不再继续查找其他区域。

由此可见，要在区域中配置规则，除涉及使用服务、端口、伪装等特性外，还涉及要

第 10 章 Linux 防火墙安全配置

绑定的源地址和网络接口。

5. 规则的应用顺序

一旦向某个区域中添加了多条规则，规则的排序在很大程度上会影响 firewalld 防火墙的处理行为。对于所有区域，区域内规则的基本排序如下：设置的任何端口转发和伪装规则；设置的任何记录规则；设置的任何允许规则；设置的任何拒绝规则。

数据包如果与区域中的任何规则都不匹配，通常会被拒绝，但是区域可能具有不同默认值。例如，trusted 区域将接受任何不匹配的包。此外，在匹配某记录规则后，系统将继续正常处理数据包。

直接规则是一个例外。对于大部分直接规则，系统将首先对其进行解析，然后由 firewalld 进行任何其他处理，但是直接规则语法允许管理员在任何区域中的任何位置插入规则。

6. 预定义区域

firewalld 将所有网络流量分为多个区域，从而简化防火墙管理。根据数据包源地址或传入接口等条件，流量将转入相应区域的防火墙规则。firewalld 安装时提供一些预定义区域，以满足多数场景的需要。按照默认信任级别从不信任到信任的顺序列出 firewalld 提供的区域。管理员可以对这些区域进行修改，使其满足自己的需要。默认情况下，如果传入流量属于系统发起的通信的一部分，则所有区域都允许这些传入流量和传出流量。

7. 区域的选择

应当选择与所使用的网络最匹配的区域。例如，公共的 Wi-Fi 连接应该是非常不受信任的，家庭的有线网络则是非常可信的。

8. 区域的配置

可以使用任何一种 firewalld 配置工具来配置或者增加区域，以及修改配置。也可以在配置文件目录中创建或者复制区域文件。/usr/lib/firewalld/zones 用于默认和备用的区域配置，etc/firewalld/zones 用于创建和自定义区域配置文件。

9. 区域与网络连接

firewalld 可以为不同接口绑定不同区域，NetworkManager 可以为一个接口指派不同的网络连接。不同网络连接可以使用不同的 firewalld 区域。firewalld 区域设置以 ZONE 选项存储在网络连接的 ifcfg 文件中，如果该选项缺失或者为空，firewalld 将使用配置的默认区域。如果这个连接受到 NetworkManager 的控制，也可以使用 nm-connection-editor（NetworkManager 图形界面工具）来修改区域。

1）由 NetworkManager 管理的网络连接

firewalld 只能配置网络接口，不能通过 NetworkManager 显示的连接名称来配置网络连接。在一个网络连接启用之前，NetworkManager 会通知 firewalld 将与连接有关的网络接口分配给由该连接的 ifcfg 配置文件所定义的区域。如果在 ifcfg 配置文件中没有配置区域，接口将被分配给 firewalld 的默认区域。如果网络连接使用不止一个接口，则所有接口都将被提供给 firewalld。接口名称的更改也将由 NetworkManager 管理并提供给 firewalld。

如果一个网络连接断开了，NetworkManager 会通知 firewalld 从区域中删除该连接。

当 firewalld 由 systemd 或 init 脚本启动或重启后，firewalld 会通知 NetworkManager，接着网络连接就会被加入区域。

如果 NetworkManager 没有运行，且 firewalld 在 network 服务已经启动之后才启动，那么网络连接和手动创建的接口将不会被绑定到 ifcfg 配置文件所指定的区域。网络接口会自动由默认区域处理，firewalld 也不会收到网络设备重命名的通知。如果 ifcfg 配置文件中设置了 NM_CONTROLLED=no，这一设置也会被应用到未被 NetworkManager 控制的网络接口。

2）将接口添加到区域中

可以使用以下命令将接口添加到区域中：

```
firewall-cmd[-permanent]-zone=区域 -add-interface=接口
```

（1）要确保如果存在 ifcfg 配置文件（/etc/sysconfig/network-scripts/ifcfg-interface），其选项 ZONE 所定义的区域应该相同（或者该选项缺失或值为空，firewalld 将使用配置的默认区域）否则，区域将不能被识别。

（2）firewalld 重新加载会将接口绑定恢复到加载之前的位置，以确保在 NetworkManager 不能控制接口时接口绑定的稳定性。这种机制在 firewalld 服务重启后不再有效。

（3）在 NetworkManager 不能控制接口时，保持 ifcfg 文件中的 ZONE 选项设置与 firewalld 中的绑定一致是非常重要的。

（4）由 network 脚本管理的网络连接。

（5）对由 network 脚本管理的网络连接有一条限制：没有任何守护进程能通知 firewalld 将连接增加到区域，这只能由 ifcfg-post 脚本实现。因而，此后对网络连接名称的更改将不能提供给 firewalld。同样，在连接处于活动状态时启动或重启 firewalld，将导致其关联失效。最简单的解决方案是将所有未配置的连接添加到默认区域。

10.3.3 firewalld 管理

1. 管理默认区域

默认区域用于没有绑定指定区域的连接和接口。安装 firewalld 后的默认区域是 public。执行以下命令，查看当前的默认区域：

```
firewall-cmd -get-default-zone
```

可以根据需要更改默认区域，命令格式如下：

```
firewall-cmd -set-default-zone=区域
```

此命令会同时更改相关的运行时配置和永久性配置。更改默认区域会改变当前正在使用默认区域的网络接口的区域。原默认区域中配置的网络接口收到的新访问请求将被转入新的默认区域，而当前活动的连接不受影响。

2. 查看区域

查看 firewalld 所支持的（当前可用的）区域（多个区域之间用空格分隔），命令如下：

```
firewall-cmd [-permanent]--get-zones
```

查看活动（当前正起作用）的区域，命令如下：

```
firewall-cmd --get-active-zones
```

以下命令将列出每个区域及其关联的网络接口和源：

```
[root@srvl ~] #firewall-cmd --get-active-zones external
interfaces: eno33554992 public
interfaces: eno16777736
```

3. 管理永久性区域

除预定义的区域以外，管理员还可以使用以下命令新增区域：

```
firewall-cmd -permanent--new-zone= 区域
```

使用以下命令可删除一个已有的永久性区域：

```
firewall-cmd --permanent--delete-zone= 区域
```

4. 管理区域的目标

前面提到过，每个区域都有一个目标（target），即默认的处理行为，可选值为 DEFAULT、ACCEPT、%%REJECT%% 和 DROP。使用以下命令获取一个永久性区域的目标：

```
firewall-cmd --permanent [--zone=区域] --get-target
```

例如，使用以下命令查看 trusted 区域的目标，可知其默认处理行为是接受（许可）：

```
 firewall-cmd -permanent--zonc=trusted --get-target
```

使用以下命令设置一个永久性区域的目标：

```
firewall-cmd--permanent--zone=--set-target=ACCEPT
```

5. 接口与区域绑定

所有数据包都会到达网络接口，但到底使用哪个区域的规则，关键就在于这个接口绑定了哪个区域。将一个接口绑定到一个区域，意味着该区域的设置用于限制通过该接口的网络流量。

lo 接口被视为与 trusted 区域关联。默认区域为 public，如果不进行任何更改，将为新的接口分配 public 区域。一个接口只能绑定到一个区域，不能同时绑定到多个区域。

以下命令可列出绑定到指定区域的接口：

```
firewall-cmd [--zone=区域] --list-interfaces
```

将指定接口绑定（添加）到指定区域，命令如下：

```
firewall-cmd [--permanent] [--zone=区域] --add-interfacc=接口
```

多数情况下不必执行此操作，因为 NetworkManager（或传统 network 服务）会根据 ifcfg 配置文件中的 ZONE 定义，自动将接口添加到区域，前提是 ifcfg 文件中没有设置 NM_CONTROLLED=no。只有不存在 ifcfg 文件时，才需要执行此操作。如果 ifcfg 文件存在，又使用选项 --add-interface 向区域中添加了接口，则要确定这两种情形使用了相同的区域；否则这种操作无效。

使用以下命令，更改已经绑定到区域的接口：

```
firewall-cmd [-permanent] [-zone=区域] -change-interface- 接口
```

如果原区域和新区域相同，此命令无效。如果接口之前已与其他区域绑定，此命令则相当于用选项 --add-interface 向区域中添加此接口。

使用以下命令，查询某接口是否绑定到区域：

```
firewall-cmd [--zone=区域] --query-interface=接口
```

使用以下命令，从区域中删除接口绑定：

```
firewall-cmd [--permanent] [--zone=区域] --remove-interface=接口
```

使用以下命令，查看某接口被绑定的区域：

```
firewall-cmd --get-zone-of-interface- 接口
```

6. 源与区域绑定

将一个源（source）绑定到一个区域，意味着该区域的设置用于限制通过该源的网络流量。源用 IPv4/IPv6 源地址或一个地址范围表示。对于 IPv4，掩码可以是子网掩码或数字，对于 IPv6，掩码是数字。这里不能使用主机名来表示源。一个源只能绑定到一个区域，不能同时绑定到多个区域。

源与区域绑定的操作同接口与区域的绑定相似，只是选项不同，这里只列举部分操作。

使用以下命令，可列出绑定到指定区域的源：

```
firewall-cmd [-permanent] [--zone=区域] --list-sources
```

将指定源绑定（增加）到指定区域的命令如下：

```
firewall-cmd [-permanent] [--zone=区域] --add-sourcc=源[/掩码]
```

10.3.4 firewalld 防火墙配置实验

1. 实验目的

（1）理解 Linux 系统中 firewalld 的基本概念和工作原理。
（2）掌握 firewalld 的配置方法和常用命令。
（3）学习如何通过 firewalld 实现基本的网络安全策略。

2. 实验背景

某科技公司是一家提供在线服务的中型企业，其服务器托管在云数据中心上。2022 年随着业务的发展，该公司开始面临越来越多的网络安全威胁，如 DDoS 攻击、未授权访问和恶意软件入侵等。为了保护企业的敏感数据并确保在线服务的稳定性，该公司的 IT 部门决定采用 Linux 服务器，并利用 firewalld 构建一套强大的防火墙系统来提升网络安全级别。

3. 实验内容

查看当前系统的 firewalld 状态。添加、删除和修改 firewalld 服务。配置基于 firewalld 的网络安全策略。

4. 实验要求

（1）熟悉 Linux 系统的基本操作。

（2）了解网络的基本概念，如 IP 地址、端口、协议等。

5. 实验环境

实验使用环境为 CentOS 7.4。

6. 实验步骤

步骤 1：启动和停止 firewalld 服务

（1）要想查看当前系统的 firewalld 状态，输入以下命令：

```
sudo systemctl status firewalld
```

（2）要想启动 firewalld 服务，输入以下命令：

```
sudo systemctl start firewalld
```

（3）要想停止 firewalld 服务，输入以下命令：

```
sudo systemctl stop firewalld
```

步骤 2：设置 firewalld 开机自启动与禁止开机自启动

（1）要想设置 firewalld 开机自启动，输入以下命令：

```
sudo systemctl enable firewalld
```

（2）要想禁用 firewalld 开机自启动，输入以下命令：

```
sudo systemctl disable firewalld
```

步骤 3：设置规则

（1）要想添加一个允许 HTTP 服务的规则，输入以下命令：

```
sudo firewall-cmd --permanent --add-service=http
```

（2）要想删除刚刚添加的 HTTP 服务规则，输入以下命令：

```
sudo firewall-cmd --permanent --remove-service=http
```

（3）要想保存 firewalld 规则，输入以下命令：

```
sudo firewall-cmd --reload
```

（4）要想重启 firewalld 服务，使新的规则生效，输入以下命令：

```
sudo systemctl restart firewalld
```

7. 实验结果与验证

在完成实验步骤后，可以通过再次查看 firewalld 的状态来验证服务是否启动或成功禁用。可以通过访问被禁止的服务（如 HTTP）来验证防火墙规则是否生效。例如，如果禁止了 HTTP 服务，那么在浏览器中访问相应的网站时，网站应该无法打开。

◆ 课后习题 ◆

一、选择题

1. 包过滤防火墙的缺点是（　　）。
   A. 安全性能高　　　　　　　　　　B. 处理数据包的速度慢
   C. 容易受到 IP 欺骗攻击　　　　　　D. 性能低，处理速度慢

2. Linux 的防火墙体系主要工作在（　　），针对 TCP/IP 数据包实施过滤和限制，属于典型的包过滤防火墙。
   A. 数据链路层　　B. 物理层　　　　C. 网络层　　　　D. 应用层

3. filter 表则专注于（　　）功能，是构建防火墙规则的核心组件。
   A. 包过滤　　　　B. 网址过滤　　　C. 地址转换　　　D. 数据包修改

4. firewalld 是基于（　　）来设置规则，从而保证网络的安全。
   A. 端口　　　　　B. 区域　　　　　C. 用户　　　　　D. 系统

5. firewalld 的默认区域是（　　）。
   A. public　　　　B. dmz　　　　　C. block　　　　 D. home

6. firewalld 中用于列出所有区域的命令是（　　）。
   A. firewall-cmd --list　　　　　　　B. firewall-cmd --get-zone
   C. firewall-cmd --zones　　　　　　 D. firewall-cmd --list-zones

二、名词解释

1. 包过滤防火墙
2. 应用代理防火墙
3. 状态检测防火墙

第 11 章

Linux 日志管理和 Linux 基线安全配置

本章导读

某公司信息技术部门在系统中侦测到登录异常现象，意图借助日志文件深入分析潜在的网络攻击或非法登录行为。日志管理作为 Linux 系统安全防护机制的核心构成部分，对于管理员而言，其重要性不言而喻。通过日志管理，管理员能够全面监控系统的运行动态，及时发现潜在的安全隐患，并在安全事件发生时提供确凿的证据支持。此外，日志文件还能够协助管理员追溯用户操作行为、诊断系统故障、分析系统性能表现，以及满足各类合规性要求，确保企业信息系统的稳定与安全。

学习目标

知识目标	<ul><li>理解 Linux 日志管理的基本概念；</li><li>熟悉 Linux 日志管理的基本命令；</li><li>掌握 Linux 系统中常见的日志文件及其内容；</li><li>理解 Linux 网络安全的重要性；</li><li>了解 Linux 基线安全的概念和策略。</li></ul>
技能目标	<ul><li>掌握常用的日志管理工具的使用；</li><li>掌握日志管理在系统故障排查、安全审计等方面的应用；</li><li>掌握 Linux 基线安全配置。</li></ul>

11.1 Linux 日志

Linux 日志管理

11.1.1 Linux 日志的基本概念

在 Linux 系统中，日志管理起着至关重要的作用。通过日志管理，网络管理员可以了解系统的运行状况，排查故障，分析安全事件等。本节将对 Linux 日志管理的基本概念进行详细介绍，帮助读者更好地理解和应用日志管理。

1. 日志管理的作用

（1）系统运行状况监控：日志记录了系统运行过程中的各种事件，通过分析这些事件，可以了解系统的运行状况，发现潜在的问题。

（2）故障排查：当系统出现问题时，可以通过日志查找相关信息，快速定位故障发生的原因。

（3）安全事件分析：日志记录了用户和系统的操作行为，有助于分析安全事件，保障系统安全。

（4）系统性能优化：通过分析日志，可以发现系统性能瓶颈，为性能优化提供依据。

2. Linux 日志管理的基本概念

1）日志分类

在 Linux 系统中，日志主要分为以下几类。

（1）系统日志：记录系统运行过程中的事件，如启动、关闭、硬件故障等。

（2）用户日志：记录用户登录、操作行为等事件。

（3）应用程序日志：记录应用程序运行过程中的事件，如错误、警告等。

（4）安全日志：记录与系统安全相关的事件，如登录失败、权限变更等。

2）日志文件位置

Linux 系统的日志文件通常存储在以下目录中。

（1）/var/log：系统日志、用户日志、应用程序日志等通常存储的位置。

（2）/var/log/audit：安全日志的存储位置。

（3）/var/log/boot：系统启动日志的存储位置。

3）常见的日志优先级

在 CentOS 7 中，常见的日志优先级（或优先级）通常是通过系统的日志管理工具 rsyslog 来设置的。表 11-1 给出了一些常见的日志优先级。

表 11-1 日志优先级

序号	优 先 级	说 明
1	debug	调试信息，通常包含大量详细信息，用于故障排除
2	info	一般信息，提供了更通用的消息
3	notice	正常但重要的事件，比 info 级别稍微高一点
4	warning 或 warn	警告级别，表明可能会发生问题，但系统仍能正常运行
5	err 或 error	错误信息，表明系统遇到了阻止其执行的问题
6	crit	严重的错误，表明系统已不能正常运行
7	alert	需要立即关注的情况，比 crit 级别更高
8	emerg 或 panic	系统不可用，需要立即采取措施解决问题

这些日志优先级可以在配置文件 /etc/rsyslog.conf 或 /etc/rsyslog.d/ 目录下的其他配置文件中设置。例如，可以在配置文件中为特定应用程序设置特定的日志文件路径和优先级。

```
# 设置特定服务的日志文件和优先级，在 /etc/rsyslog.conf 文件中添加如下内容
local3.*                                /var/log/myapp.log
```

在这个例子中，local3 是一个自定义日志设施，可用于任何应用程序。* 表示所有可能的日志级别，这意味着所有级别的日志都会被记录到 /var/log/myapp.log 文件中。可以根据需要更改优先级或者添加新的设施和优先级。

4）日志查看工具

Linux 系统提供了多种日志查看工具，下面是一些常用的工具。

（1）journalctl：用于查看系统日志。

（2）tail：用于实时查看日志文件内容。

（3）grep：用于在日志文件中搜索特定内容。

（4）awk：用于对日志文件进行解析和分析。

3. 日志管理方法

1）日志收集

通过收集器（如 rsyslog）将分散在各个设备上的日志集中存储起来，便于统一管理和分析。

2）日志分析

利用日志分析工具（如 ELK、Graylog）对日志进行实时分析，发现潜在问题，提供可视化界面。

3）日志过滤与归档

根据需求，对日志进行过滤，将有用的信息保存下来并进行归档，以节省存储空间。

4）日志备份与恢复

定期备份日志，以防止数据丢失。同时，设置日志恢复机制，便于在发生故障时快速恢复系统。

4. 系统日志文件

（1）/var/log/boot.log：这个文件记录了服务启动与停止的信息，特别是系统启动时的相关信息，如启动的服务和操作等。它有助于了解系统启动过程中的详细情况。

（2）/var/log/dmesg：该文件存储了系统启动时显示的内核信息，包含硬件状态检测信息。通过执行 dmesg 命令，可以查看内核自检信息，进而了解计算机硬件的状况。

（3）/var/log/messages：这个文件提供了大多数日志信息，是系统中最主要的日志。它包含了系统启动时的引导消息、系统运行时的状态消息，以及 I/O 错误、网络错误和其他系统错误。此外，该文件还记录了用户身份切换为 root 用户等重要信息。在进行故障诊断时，通常首先会查看 /var/log/messages 文件。

（4）/var/log/secure：这个文件存储了与系统安全相关的信息，主要记录了用户登录服务器的日志。如果该文件过大，表明可能有人正在尝试破解 root 密码或进行暴力破解。

（5）/var/log/lastlog：该文件保存了每个用户的最后一次登录信息。它是一个二进制文件，无法直接使用 vim 编辑，但可以通过执行 lastlog 命令来查看。

（6）/var/log/wtmp：该文件保存了所有用户的登录、退出、系统启动、重启、宕机等记录。同样，它也是一个二进制文件，无法直接用 vim 打开，但可以使用 last 命令显示其中的内容。

（7）/var/log/btmp：该文件用于保存用户登录失败的日志记录。它也是二进制文件，无法直接使用 vim 编辑，但可以通过执行 lastb 命令查看。

11.1.2 rsyslog 配置

1. 程序安装与查询

一般来说，rsyslog 和 logrotate 已经默认安装在系统中。如未安装，可以使用以下命令安装：

```
yum install rsyslog logrotate
```

此外，还可以通过以下命令查询 rsyslog 的配置文件：

```
rpm -qc rsyslog
```

2. 启动程序与相关服务

要启动 rsyslog 服务，可以使用以下命令：

```
systemctl start rsyslog.service
```

3. 主要配置文件详解

rsyslog 的核心配置文件存储在 /etc/ 目录下，文件名为 rsyslog.conf，此文件定义了日志的生成和存储策略。下面将详细解析这个配置文件。

4. 日志规则与分类

在 rsyslog 中，日志规则（RULES）负责指定生成日志的设备、级别和存放位置。RULES 由 FACILITY、LEVEL 和 FILE 三部分组成。以下是一个典型的例子：

```
authpriv.*   /var/log/secure（SSH 信息）
cron.*   /var/log/cron（创建任务）
mail.*   -/var/log/maillog（发邮件）
*.info;mail.none;authpriv.none;cron.none   /var/log/messages
```

5. FACILITY 与 LEVEL 的含义

FACILITY 表示日志事件的类型，如安全事件（AUTHPRIV）、计划任务事件（CRON）等。LEVEL 表示日志对应的事件严重程度，严重程度从低到高依次为：LOG_EMERG、LOG_ALERT、LOG_CRIT、LOG_ERR、LOG_WARNING、LOG_NOTICE、LOG_INFO 和 LOG_DEBUG。

6. 实际应用案例

下面通过修改 ssh 和 rsyslog 的配置文件，将日志记录到特定的文件中。

第 11 章 Linux 日志管理和 Linux 基线安全配置

（1）修改 ssh 的配置文件，将日志级别修改为 AUTHPRIV，命令如下：

```
vim /etc/ssh/sshd_config
SyslogFacility AUTHPRIV
```

（2）修改 rsyslog 的配置文件，添加一个新的规则，命令如下：

```
vim /etc/rsyslog.conf
local5.*  /var/log/srevicez
```

（3）修改完成后，重启 rsyslog 和 ssh 服务，命令如下：

```
systemctl restart rsyslog.service sshd
```

（4）使用其他终端登录服务器，观察新日志文件的生成。用户应该可以看到新的日志记录，从而确保日志管理系统的正常运行。

11.2 日 志 轮 转

11.2.1 Linux 日志轮转工作原理

Linux 日志轮转是一种高效且重要的机制，用于自动管理和控制日志文件的规模。日志文件在系统运行中扮演着至关重要的角色，它们记录了系统事件、用户活动以及其他关键信息，有助于进行故障排查、系统监控和审计等工作。然而，随着时间的推移，日志文件的数量和大小可能会迅速增长，占用大量磁盘空间，甚至导致系统性能下降。为了解决这个问题，Linux 引入了日志轮转机制。

日志轮转机制的工作原理可以概括为以下几个步骤。

第一步，需要定义日志轮转的配置。这通常是通过配置文件来实现的，比如 /etc/logrotate.conf 或 /etc/logrotate.d 目录下的单独配置文件。在这些配置文件中，可以指定哪些日志文件需要进行轮转、轮转的周期（如每天、每周、每月等），以及触发轮转的条件（如文件大小、时间等）。

第二步，系统会根据配置文件定义的规则，判断是否需要进行日志轮转。这通常是通过检查日志文件的大小或时间戳来实现的。当日志文件达到指定的大小限制或时间阈值时，系统会触发轮转操作。

第三步，在触发轮转后，系统会执行备份操作。这意味着当前的日志文件会被复制到一个新的位置，通常会通过给复制产生的日志文件添加一个日期或数字后缀与原来的文件区分开来。这样，就可以保留原始日志文件的内容，同时为新的日志数据腾出空间。

第四步，备份完成后，系统会创建一个新的空日志文件，以便存储最新的日志数据。这样，就可以确保系统能够继续生成新的日志记录，而不会受到旧文件大小的限制。

第五步，为了节省磁盘空间，系统还会根据配置文件中的设置，清理过期的备份文件。这可以通过限制备份文件的数量或保留时间来实现。一旦备份文件的情况突破了设定的限制，系统就会自动删除它们。

第六步，在某些情况下，轮转后的日志文件可能需要通知相关服务，重新打开或重启这些日志文件。这是因为一些服务在写入日志时可能会锁定文件，导致新的日志文件无法立即生效。为了解决这个问题，系统会在轮转完成后发送通知给相关服务，以便它们能够重新打开新的日志文件并继续记录日志。

通过对日志文件的轮转进行管理，可以有效地避免日志文件过大导致的问题，同时提高系统的可靠性和稳定性。此外，通过合理配置日志轮转机制，还可以对历史日志进行归档和管理，以便在需要时进行查阅和分析。这对系统管理员和运维人员来说是非常重要的，因为这可以帮助他们更好地了解系统的运行状况，及时发现和解决问题。

11.2.2 配置日志轮转

在日志轮转过程中，旧日志文件会被新日志文件替换，同时保留一定数量的旧日志文件以备查询。日志轮转的工作原理是根据预先设定的配置文件进行操作。在 Linux 系统中，主要有以下配置文件。

（1）主配置文件：/etc/logrotate.conf，决定了每个日志文件如何进行轮转。

（2）子配置文件夹：/etc/logrotate.d/*，用户可以在此目录下自定义配置。

可以通过以下命令查看主配置文件：

```
vim /etc/logrotate.conf
```

在主配置文件中，一些常见的配置项及含义如下：
- weekly：设置日志轮转周期为一周；
- rotate 4：表示保留 4 份旧日志文件；
- create：轮转后创建新文件；
- dateext：使用日期作为文件名后缀；
- compress：是否压缩日志文件；
- include /etc/logrotate.d：包含子配置文件夹中的配置。

（3）为实现每月对 /var/log/wtmp 日志文件进行一次标准的轮转操作，并特别设定在日志文件大小达到 50KB 时自动触发轮转机制，需要对主配置文件 /etc/logrotate.conf 进行如下修改：

```
/var/log/wtmp {
    monthly                      # 设定每月进行一次轮转
    rotate 4                     # 保留 4 份旧日志文件
    size 50K                     # 设定当文件大小达到 50KB 时触发轮转
    missingok                    # 如果日志文件不存在，则不报错
    notifempty                   # 如果日志文件为空，则不进行轮转
    create 0640 root utmp        # 轮转后创建新日志文件，权限为 0640，属于 root 用
                                   户和 utmp 组
    delaycompress                # 延迟压缩旧日志文件，直到下次轮转时再压缩
    compress                     # 使用 gzip 压缩旧日志文件
```

第 11 章 Linux 日志管理和 Linux 基线安全配置

```
        sharedscripts            # 如果多个日志文件有相同的轮转指令，则合并执行脚本
        postrotate               # 轮转后执行的命令，用于重新启动相关服务
            # 这里可以放置重启相关服务的命令，例如 service sshd reload
        endscript
}
```

⚠️ **注意**：上述配置中的 rotate 4 表示保留 4 份旧日志文件，可以根据实际需求调整需要保留的日志文件数量。postrotate 和 endscript 之间的部分用于定义在轮转完成后需要执行的命令，如重启相关服务。这通常是为了确保服务能够继续将日志写入新的文件。如果不需要执行任何命令，可以省略这部分。

修改完 /etc/logrotate.conf 文件后，请保存更改，并且重新加载或重启 logrotate 服务以使新的配置生效，通常可以使用以下命令：

```
sudo service logrotate reload     # 重新加载服务
sudo service logrotate restart    # 重启服务
```

（4）当需要对 /etc/logrotate.d/yum 日志文件进行轮转时，可以使用以下命令：

```
vim /etc/logrotate.d/yum
/var/log/yum.log {
  missingok
  notifempty
  maxsize 50K
  yearly
  daily
  rotate3
  create0777 root root
}
```

此配置表示当 /var/log/yum.log 文件大小达到 50KB 时进行轮转，或者每天进行轮转。同时，轮转后创建的新文件权限为 0777，属于 root 用户。

通过以下命令查看已轮转的日志文件：

```
ls /var/log/yum*
```

可以使用以下命令查看最近一次轮转的时间：

```
grep 'yum' /var/lib/logrotate/logrotate.status
```

11.2.3 日志管理与配置实验

1. 实验目的

（1）理解 Linux 系统中日志记录的重要性和基本概念。
（2）学会配置和使用不同的日志管理工具，如 journalctl、logrotate 等。
（3）提高对系统安全监控和维护的能力。

2. 实验背景

2022 年 5 月，某家企业遭遇了服务中断，具体表现为内部网络的一台关键服务器突然无响应。该企业的 IT 部门迅速反应，开始进行故障排查。通过仔细分析 /var/log/syslog，发现了与内存资源不足相关的错误信息。这表明服务器可能因资源耗尽而出现性能下降。为了预防配置错误、资源耗尽等问题，企业决定提高 Linux 日志管理。

3. 实验内容

（1）学习 Linux 日志的分类和存储位置。
（2）使用 journalctl 查看和查询系统日志。
（3）学习如何配置日志轮转以管理日志文件的大小和存储。
（4）设置日志保留策略，确保旧日志文件得到妥善处理。
（5）分析日志文件，以识别潜在的系统问题或安全威胁。

4. 实验要求

（1）掌握基本的 Linux 命令行操作技能。
（2）熟悉 Linux 文件系统结构和基本权限管理。
（3）了解基础的网络安全知识，能够识别常见的系统日志条目。

5. 实验环境

实验使用环境为 CentOS 7.4。

6. 实验步骤

步骤 1： 查看当前系统日志

```
journalctl -f
```

步骤 2： 查询特定服务的日志

```
journalctl -SYSLOG_UNIX=service_name.service
```

步骤 3： 查看特定时间范围内的日志

```
journalctl --since "1 hour ago"
```

步骤 4： 使用 logrotate 进行日志轮转，编辑 /etc/logrotate.conf 或创建新的配置文件

```
sudo vim /etc/logrotate.d/myapp
```

在文件中添加以下内容：

```
/var/log/myapp.log {
    weekly
    rotate 4
    copytruncate
```

```
    compress
    delaycompress
    missingok
    notifempty
}
```

步骤 5：设置日志保留策略，修改 /etc/logrotate.conf 或相应的服务配置文件，指定保留的日志数量和时间

```
# 已经在步骤 4 中设置，例如，rotate 4 代表保留 4 个日志文件
```

步骤 6：测试日志轮转是否按预期工作

```
logrotate -d /etc/logrotate.d/myapp
```

步骤 7：分析日志文件，查找异常活动或错误信息

```
sudo grep 'error' /var/log/syslog
```

步骤 8：设置日志文件的适当权限，防止未授权访问

```
chmod 640 /var/log/syslog
chown root:root /var/log/syslog
```

步骤 9：创建一个自定义的 logrotate 配置文件，实现每周轮转，并保留最近四周的日志

```
sudo vim /etc/logrotate.d/myapp
```

在文件中添加以下内容：

```
/var/log/myapp.log {
    weekly
    rotate 4
    copytruncate
    compress
    delaycompress
    missingok
    notifempty
}
```

7. 实验结果与验证

实验结果：通过上述实验和分析日志文件，可以发现系统的潜在问题或安全威胁。例如，可以检查安全日志中的异常登录行为、权限变更等事件，或者检查系统日志中的资源耗尽、配置错误等问题。在分析日志时，可以使用 grep、awk 等工具进行过滤和统计，以便更快地定位问题。

验证：为了验证日志轮转和保留策略是否按预期工作，我们可以运行 logrotate -d /etc/logrotate.conf 来测试配置是否正确。此外，检查 /var/log/myapp.log 是否包含原始日志条目，以及是否有新的 /var/log/myapp.log 文件被创建。使用 ls -l /var/log/syslog 检查文件权限和所有权是否进行了正确设置。

11.3 Linux 基线安全配置

Linux 系统安全加固

11.3.1 Linux 基线安全配置概念

Linux 基线安全配置，是指以增强 Linux 系统安全性为目标的标准化安全措施与配置方法的总和。其根本目的在于防范潜在安全风险，确保系统的稳定及数据的安全。

1. 遵循最小权限原则

用户与应用程序应仅享有执行任务所必需的最小权限。例如，Web 服务器进程应避免以 root 用户身份运行，而应使用具备相应权限的特定用户身份。同时，应严格限制 setuid 和 setgid 位的使用，以防范安全漏洞。

2. 强密码策略与安全认证

实施强制性的强密码策略。强密码策略涵盖密码长度、复杂性及更换周期。利用公钥基础设施（PKI）和证书，提升身份验证及加密通信的安全性。此外，应禁用或限制 root 用户远程登录，只允许本地登录或使用密钥认证。

3. 精细管理文件与目录权限

正确设置文件与目录的权限，确保仅授权用户可以访问敏感数据。同时，应定期检查和审核文件与目录的权限设置，及时发现并纠正不当配置。

4. 优化服务与守护进程管理

仅启用必要的服务与守护进程，禁用不必要的服务以减少潜在的安全风险。定期更新服务的安全补丁和配置，保持与最新安全标准的一致性。

5. 合理配置防火墙

配置防火墙以限制进出网络的流量，仅允许必要的通信。同时，应监控防火墙日志，及时发现并应对任何可疑活动。

6. 加强日志与监控

配置系统日志记录，包括审计日志、应用程序日志和安全日志。利用日志分析工具进行日志审查，以识别异常行为或潜在的安全威胁。

7. 完善系统更新与补丁管理

定期更新操作系统和应用程序，以便修复已知的安全漏洞。使用自动化工具管理和跟踪补丁的应用情况，确保系统的安全性和稳定性。

8. 制定备份与恢复策略

定期备份关键数据和配置文件，以防止数据丢失或损坏。制订恢复计划，以便在发生安全事件时能迅速恢复系统和服务。

9. 增强安全培训与教育

（1）定期组织安全培训，提升管理员和用户对最新安全威胁和防护措施的了解。

（2）推广安全意识，教育用户避免使用弱密码，不轻信不明链接和文件，以及谨慎处理敏感数据。

10. 构建安全文化

（1）鼓励团队成员之间分享安全最佳实践，交流安全经验和教训。

（2）建立奖励机制，表彰在安全领域做出杰出贡献的员工。

11. 定期安全审计与评估

（1）定期进行安全审计，评估现有安全措施的有效性和完整性。

（2）引入第三方安全评估机构，对系统进行全面的安全漏洞扫描和风险评估。

12. 应急响应与灾难恢复计划

（1）制订详细的应急响应计划，明确在遭遇安全事件时的处理流程和责任人。

（2）建立灾难恢复计划，确保在发生严重的安全事件时，能够快速恢复系统和服务。

保障 Linux 系统的安全性不仅是一项技术任务，更是一项管理任务。它要求我们在技术、政策和人员等多个层面进行全面的防护。只有这样，才能在日益复杂的网络环境中，确保 Linux 系统安全、稳定地运行。

11.3.2 Linux 安全基线配置

Linux 操作系统作为开源软件的代表，广泛应用于服务器、嵌入式系统、云计算等多个领域。然而，随着网络安全威胁的不断增加，如何保障 Linux 操作系统的安全性，成为摆在系统管理员面前的艰巨任务。因此，遵循一套合理的操作系统安全性设置标准，对 Linux 系统进行安全合规性检查和配置，显得尤为重要。

系统管理员需要了解 Linux 操作系统的安全基础知识，如用户权限管理、进程管理、文件系统等。在此基础上，可以通过以下几个方面的设置来提高系统的安全性。

1. 账号管理和认证授权

1）Linux 用户口令安全基线配置

（1）询问管理员是否存在简单的用户密码配置，如 root/root、test/test 和 root/root1234，如存在，需要进行更改。

（2）编辑 /etc/login.defs 文件，修改账户口令的生存期。

```
vim /etc/login.defs
PASS_MAX_DAYS    90    # 密码最长过期天数
PASS_MIN_DAYS    0     # 密码最小过期天数
PASS_WARN_AGE    7     # 密码过期警告天数
```

（3）设置账户口令长度至少为 8 位，并且包括数字、小写字母、大写字母和特殊符号 4 类中的至少 2 类，编辑 /etc/pam.d/system-auth 文件，命令如下：

```
vim /etc/pam.d/system-auth
```

将 /etc/pam.d/system-auth 文件的内容修改如下：

```
password requisite pam_cracklib.so difok=3 minlen=8 ucredit=-1 lcredit=-1 dcredit=1    #账户口令长度至少为 8 位，包含 1 位大写字母、1 位小写字母和 1 位数字
```

（4）检查是否存在空口令账户。

```
awk -F: '($2 == "") {print $1}' /etc/shadow
```

2）用户访问控制

设置重要文件权限。系统和数据库由不同人员维护，为不需要登录系统的用户设置 nologin，并且删除多余的账户和共享账户。

（1）修改 passwd、shadow、group 重要文件权限。

```
chmod 644 /etc/passwd
chmod 400 /etc/shadow
chmod 644 /etc/group
```

这样只有 root 用户可以读、写和执行这个目录下的脚本。
（2）由不同人员维护系统和数据库。

为确保系统的安全稳定运行，需按规范流程创建用户账户，并根据用户角色和工作需求，合理赋予其相应的权限。

```
adduser admin                       # 创建用户 admin
passwd admin                        # 创建 admin 的密码
chmod -v u+w /etc/sudoers            # 增加 sudoers 文件的写权限，默认为只读
vim /etc/sudoers                     # 修改 sudoers 文件
##Allow root to run any commands anywhere
root    ALL=(ALL)      ALL
admin   ALL=(ALL)      ALL           # 添加这一行
chmod -v u-w /etc/sudoers            # 删除 sudoers 的写权限
```

登录后，在命令前加上 sudo，使用 root 用户权限。
（3）为系统不需要登录的账户设置 nologin。
为新建用户设置 nologin，命令如下：

```
useradd www        # 新建 www 用户
useradd mysql      # 新建 mysql 用户
useradd mysql 1    # 新建 mysql1 用户
cat /etc/passwd
cat /etc/group
/usr/sbin/groupadd www
```

第 11 章 Linux 日志管理和 Linux 基线安全配置

```
/usr/sbin/useradd -g www www
/usr/sbin/useradd -g mysql mysql
/usr/sbin/useradd -g mysql mysql1 -s /sbin/nologin
cat /etc/passwd
www:x:501:501:::/home/www:/bin/bash
mysql:x:502:502:::/home/mysql:/bin/bash
mysql1:x:503:502:::/home/mysql1:/sbin/nologin
```

将 www、mysql、mysql1 用户设置为 nologin，命令如下：

```
vim /etc/passwd             # 使用 vim 打开 passwd 文件，进行如下修改
www:x:501:501:::/home/www:/sbin/nologin
mysql:x:502:502:::/home/mysql:/sbin/nologin
mysql1:x:503:502:::/home/mysql1:/sbin/nologin
```

（4）账户和共享账户删除，命令如下：

```
cat /home/*                 # 查看 home 目录下的文件
userdel -r username         # 删除账户
```

3）检查是否存在除 root 以外 UID 为 0 的用户

检查是否存在除 root 以外 UID 为 0 的用户，命令如下：

```
awk -F: '($3 == 0) {print $1}' /etc/passwd
```

UID 为 0 的用户都拥有系统的最高特权，因此要确保只有 root 用户的 UID 为 0。

4）root 用户环境变量的安全性

检查用户环境变量是否包含 root 用户的父目录，命令如下：

```
echo $PATH | egrep '(^|:)(\.|:|$)'
```

检查是否包含组目录权限为 777 的目录，命令如下：

```
find / -type d -perm 777
```

确保 root 用户的系统路径中不包含父目录，在非必要的情况下，不应包含组权限为 777 的目录。

2. 认证

（1）检查系统中是否有 .netrc 和 .rhosts 文件，执行命令返回值为空则安全，否则不安全，若返回值不为空，需要删除文件。

```
find /-name.netrc
find /-name.rhosts
```

（2）禁止 root 用户远程登录（最后配置该项，配置只有 root 用户无法远程登录）。

```
cp /etc/ssh/sshd_config /etc/ssh/sshd_configbak    # 备份 sshd_config 文件
vi /etc/ssh/sshd_config
```

```
PermitRootLogin yes 改成 no                              # 取消注释，将 yes 改成 no
sudo systemctl restart sshd                             # 重启 SSH 服务
```

（3）用户的 umask 安全配置，命令如下：

```
more /etc/profile
more /etc/csh.login
more /etc/csh.cshrc
more /etc/bashrc
```

检查是否包含 umask 值，建议设置用户的 umask 值为 umask＝077。

（4）查找未授权的 suid/sgid 文件。

s 是一种特殊权限，设置了 suid 的程序文件，在用户执行该程序时，用户的权限是该程序文件属主的权限。sgid 与 suid 类似，只是在执行程序时获得的是文件属组的权限，命令如下：

```
for PART in `grep -v ^#/etc/fstab | awk '($6 != "0") {print $2}'`; do
find $PART -perm -04000 -o -perm -02000 -perm -04000 -o -perm -02000 -type f -print
done
```

若存在未授权的文件，则修改文件的权限，建议经常性地对比 suid/sgid 文件列表，以便能够及时发现可疑的后门程序。

（5）检查任何人都有写权限的目录。

使用下面的命令，在系统中定位任何人都有写权限的目录：

```
for PART in `awk '($3 == "ext2" || $3 == "ext3"){ print $2}' /etc/fstab`; do
find $PART -xdev -type d \( -perm -0002 -a ! -perm -1000 \) -print
done
```

若返回值非空，则低于安全要求。

（6）查找任何人都有写权限的文件。

使用下面的命令，在系统中定位任何人都有写权限的文件：

```
for PART in `grep -v ^#/etc/fstab | awk '($6 != "0") {print $2 }'`; do
find $PART -xdev -type f \( -perm -0002 -a ! -perm -1000 \) -print
done
```

若返回值非空，则低于安全要求。

（7）检查没有属主的文件。

使用下面的命令，定位系统中没有属主的文件：

```
for PART in `grep -v ^#/etc/fstab | awk '($6 != "0") {print $2 }'`; do
find $PART -nouser -o -nogroup -print
done
```

⚠ 注意：除 /dev 目录下的文件以外，发现没有属主的文件往往意味着有黑客入侵系统。不能允许没有属主的文件存在。如果在系统中发现了没有属主的文件或目录，先查看它的完整性，如果一切正常，给它一个属主。有时候，卸载程序可能导致出现一些没有属主的文件或目录，在这种情况下，可以将这些文件和目录删除。

（8）检查异常隐含文件。

用 find 程序可以查找到这些隐含文件，命令如下：

```
find /-xdev -name "..*" -print
find /-xdev -name "...*" -print|cat -v
```

同时，也要注意像 .xx 和 .mail 这样的文件名（这些文件名看起来很像正常的文件名）。在系统的每个地方都要查看一下有没有异常隐含文件（点号是起始字符，用 ls 命令看不到的文件），因为这些文件可能是隐藏的黑客工具或者其他一些信息（口令破解程序、其他系统的口令文件等）。在 UNIX/Linux 下，一个常用的技术就是用一些特殊的名，如"…"".."（点点空格）或"..^G"（点点 control-G），来隐含文件或目录。

3. 日志审计

1）rsyslog 登录事件记录

使用下面的命令进行日志审计 -syslog 登录事件记录：

```
more /etc/rsyslog.conf
# 查看参数 authpriv 值
Authpriv.*/var/log/secure
```

若未对所有登录事件都进行记录，则低于安全要求。

2）rsyslog.conf 的配置审核

开启系统的审计功能，记录用户对系统的操作，包括但不限于账户的创建和删除、权限修改和口令修改。

（1）设置 AUDITD 开机自启动，命令如下：

```
systemctl enable auditd
```

（2）判定条件。

系统能够审计用户操作。

（3）查看 AUDITD 开机自启状态，命令如下：

```
systemctl is-enabled auditd
```

用 aureport 查看审计日志。

11.3.3 提高 Linux 安全基线配置实验

1. 实验目的

（1）理解基线安全配置的重要性。
（2）学习如何配置和提高 Linux 系统的安全性。

(3)掌握安全审计和日志分析的基本方法。

2. 实验背景

某公司面临日益增长的网络安全威胁,近期多次遭遇恶意软件攻击和未授权访问尝试,导致敏感数据泄露和业务中断。该公司的 IT 基础设施主要基于 Linux 服务器,迫切需要提升其安全防护水平以防范潜在的风险。

3. 实验内容

(1)系统和服务的最小化配置。
(2)网络配置与防火墙设置。
(3)日志记录和监控。

4. 实验要求

(1)准备实验环境。
(2)编写实验报告。
(3)遵守实验室安全规范。

5. 实验环境

实验使用环境为 CentOS 7.4。

6. 实验步骤

步骤 1:用户和权限管理

(1)创建非 root 用户账户,用于日常管理,命令如下:

```
sudo adduser newuser
```

(2)为用户分配最必需的权限,命令如下:

```
sudo usermod -aG sudo newuser    # 将用户添加到 sudo 组,使其能够执行提升权限的命令
```

(3)配置 sudo 规则,限制特定用户对敏感命令的执行,命令如下:

```
sudo vi sudo
# 在文件末尾添加以下内容:
newuser ALL=(ALL)NOPASSWD:/path/to/sensitive/command
```

步骤 2:网络和服务配置

(1)锁定网络配置文件,防止未授权的更改,命令如下:

```
sudo chown root:root /etc/sysconfig/network-scripts/ifcfg-eth0
sudo chmod 644 /etc/sysconfig/network-scripts/ifcfg-eth0
```

(2)配置防火墙规则,允许或拒绝特定的网络流量,命令如下:

```
sudo firewall-cmd --add-rich-rule='rule family="ipv4" source address="192.168.0.0/24" port protocol="tcp" port="22" accept'
```

```
sudo firewall-cmd --add-rich-rule='rule family="ipv4" source address=
"192.168.0.0/24" port protocol="tcp" port="80" reject'
```

(3)设置网络伪装,保护内部网络结构,命令如下:

```
# 这一步在之前的步骤已经通过锁定配置文件和防火墙规则配置实现,不需要独立的步骤
```

步骤 3: 日志和监控配置

(1)配置远程日志服务器,确保日志的完整性和可用性,命令如下:

```
udo yum install rsyslog-gnutls
sudo vi /etc/rsyslog.conf
# 在文件末尾添加以下内容:
*.* @@remote_server:port
```

(2)设置实时监控告警,以便快速响应潜在的威胁,命令如下:

```
sudo yum install nagios-nrpe-plugin
sudo vi /etc/nagios3/nrpe.cfg
# 在文件末尾添加以下内容:
command[check_disk]=/usr/lib/nagios3/plugins/check_disk
```

7. 实验结果与验证

实验结果:通过实施 Linux 基线安全配置,某公司显著提高了其服务器的安全性能,成功阻止了多起潜在的网络入侵事件。

验证:通过模拟攻击尝试验证系统的安全性,审查日志文件,确认安全事件的正确记录。

◆ 课 后 习 题 ◆

一、选择题

1. 在 Linux 中,(　　)命令用于查看实时的系统日志。
   A. cat /var/log/syslog　　　　　　B. less /var/log/syslog
   C. tail -f /var/log/syslog　　　　　D. grep /var/log/syslog
2. /var/log/auth.log 通常记录(　　)类型的信息。
   A. 应用程序日志　　　　　　　　B. 系统启动和内核消息
   C. 用户身份验证和授权信息　　　D. 系统硬件状态
3. logrotate 的主要作用是(　　)。
   A. 管理用户账户　　　　　　　　B. 自动轮转、压缩和删除日志文件
   C. 监视系统性能和资源使用情况　D. 配置系统日志记录
4. 在 /etc/logrotate.conf 配置文件中,rotate 选项指定了(　　)。
   A. 日志文件的最大大小　　　　　B. 轮转周期
   C. 轮转后旧日志文件的压缩方式　D. 轮转后新日志文件的权限

5. logrotate 配置中的 missingok 选项的作用是（　　）。
   A. 如果日志文件丢失，则停止轮转　　B. 忽略丢失的日志文件，不产生错误
   C. 强制轮转丢失的日志文件　　D. 在日志文件丢失时创建新的日志文件
6. 默认情况下，logrotate 在轮转日志文件之前会做（　　）。
   A. 压缩旧的日志文件　　B. 发送旧的日志文件到远程服务器
   C. 检查日志文件的大小和修改时间　　D. 停止相关的服务或进程
7. 为了提高系统的安全性，以下（　　）措施是不推荐的。
   A. 禁用不必要的网络服务　　B. 使用弱密码策略
   C. 定期更新和修补系统　　D. 最小化用户权限

二、简答题

1. 在 Linux 系统中，日志管理服务的主要作用和常用的日志管理服务有哪些？
2. 在 Linux 系统中，通常会将日志文件存储在哪里？有哪些常见的日志文件？
3. 什么是日志轮转？为什么需要进行日志轮转？
4. 什么是日志分析？日志分析在系统管理和故障排除中有哪些重要作用？

参 考 文 献

[1] 姜晓东,安厚霖,那东旭.操作系统安全与实操[M].北京:中国铁道出版社,2021.
[2] 王鹃,张焕国.主流操作系统安全实验教程[M].武汉:武汉大学出版社,2016.
[3] 何琳.Windows 操作系统安全配置[M].北京:电子工业出版社,2020.
[4] 刘辉,刘民崇,徐曼.Linux 操作系统原理与安全(微课视频版)[M].北京:清华大学出版社,2021.
[5] 胡志明,钱亮于,孙雨春.Linux 操作系统安全配置[M].北京:电子工业出版社,2020.